QVE LA TERRE PEVT ESTRE VNE PLANETTE,

QVI SE MEVT AVEC LES AVTRES PLANETTES.

DEVXIESME LIVRE.

De la Traduction du Sr de la MONTAGNE.

C'est vne chose digne de nostre consideration de sçauoir en quel estat nous sommes entre les choses de la Nature : si nous demeurons en vn lieu le plus paresseux ou le plus viste : si Dieu fait tourner toutes ces choses à l'entour de nous, ou s'il nous tourne nous-mesmes. Seneque en ses Questions Naturelles, Liure 7.chap.2,

A ROVEN,
Chez IACQVES CAILLOVE',dans
la Cour du Palais.

M. DC. LV.

QVE LA TERRE
PEVT ESTRE VNE
PLANETTE.

PROPOSITION I.

Que la Nouueauté & singularité qui paroist en cette opinion, n'est pas vn fondement suffisant pour prouuer qu'elle est erronée.

EN la recherche des veritez Theologiques, la plus seure methode est, auant toute chose, de regarder à l'authorité diuine. Parce que celle là porte auec elle vne aussi claire euidence à nostre foy, que le sçauroit estre aucune autre chose à nostre raison. Mais au contraire en l'examen des poincts de

Philofophie ce feroit s'y prendre à
rebours de bien que de commencer
par le teſmoignage & opinion des
hommes, & puis apres defcendre aux
raifons qui fe peuuent tirer de la nature & de l'eſſence des chofes mefmes. Parce que ces argumens inarti-
ficiels (ainfi que les Logiciens les appellent) ne portent pas auec eux aucune euidence claire & conuainquan-
te ; & partant doiuent fuiure ceux
qui font d'vne confequence plus ne-
ceffaire, comme feruans pluftoft à
confirmer, qu'à refoudre le iugement.

Mais neantmoins la chofe en eft
venuë là , qu'aux poincts qui s'efcar-
tent de l'opinion commune l'on fe
laiffe emporter d'abord à la voix pu-
blique, fans iamais, ou fort rarement,
examiner les raifons qu'on peut alleguer pour ces poincts là. Parquoy
puifque le but de ce difcours eft d'o-
fter tous ces preiugez qui en fembla-
ble rencontre pourroient empefcher
noftre iugement, il eft requis en premier lieu de fatisfaire aux argumens,

pris de l'authorité des hommes.

Sur lesquels nos aduersaires insistent auec beaucoup de chaleur & de
vehemence.

Quoy, disent-ils, vne Nouueauté
comme est celle-cy, débusquera t'elle vne verité qui par successiue tra-
dition a passé par tous les aages du
monde? & qui a esté generalement
receuë non seulement dans l'opinion
du vulgaire, mais aussi des plus sçauans Philosophes & plus doctes personnages? a Croirons-nous qu'entre
le grand nombre de ceux qui en diuers temps ont esté tres celebres &
eminens pour des inuentions nouuelles & des estranges descouuertes, il
n'y en ait point eu de capables de
trouuer vn tel secret que celuy-ci,
horsmis quelques fabuleux Pithago-
riciens, & depuis peu Copernic?
Seroit-il possible que le Monde eust
duré plus de cinq mille ans, & que
neantmoins ses habitans eussent esté
si grossiers & si stupides que de n'a-
uoir pas connu son mouuement? Voire penserons-nous que ces excellens

A ij

a Allex.
Rosse de
Terræ mo-
tu, contra
Lansberg.
lib.1.sect.
1.cap.10.

personnages dont le S. Esprit s'est ser-
ui pour rediger les saintes lettres par
escrit, & qui estoient extraordinairement inspirez des veritez surnaturel-
les, fussent neantmoins si grossierement ignorans d'vne chose si oom-
mune ? Nous pourrons-nous persua-
der, si telle chose eust esté, que Iosué,
Iob, Dauid, Salomon , & autres n'en
eussent rien sceu ? Certainement cela
fait bien paroistre vne forte affectation de singularité en tous ceux qui
embrassent de la façon vne telle fantaisie sans fondement, contre vne authorité si ancienne & si generale.

Ie responds à cela, que comme nous
ne deuons pas nous laisser aller à cette folie d'auoir si bonne opinion de
nous mesmes & de la suffisance extraordinaire de ces presens siecles que de
croire que tout ce qui est ancien soit
hors d'vsage : Qu comme s'il falloit qu'il en fust des opinions comme
des habits, où la nouuelle mode est
pour la pluspart la plus estimée: Aussi ne deuons-nous pas non plus estre
si superstitieusement attachez à l'an-

tiquité, que de prendre pour canoni-
que tout ce qui part de la plume d'vn
Pere, ou qui a esté approuué par le
consentement des Anciens. Ce dire
d'Alcinous est excellent : a Qu'il con-   a Alcinous.
uient à vn chacun en la recherche de
la verité, de se conseruer tousiours
vne liberté philosophique: & non pas
se rendre tellement esclaue de l'opinion de qui que ce soit, que de croire
que tout ce qu'il dit soit infaillible.
Il nous faut trauailler à descouurir ce
que les choses sont en elles mesmes,
par nostre propre experience & par
vn entier examen de leur nature, &
non pas par ce qu'vn autre en dit. Et
si dans vne telle recherche impartia-
le nous tombons par hazard dans vn
nouueau sentier, & qui s'escarte du
grand chemin battu : ce n'est ny vne
faute, ny vn malheur en nous.

Non vne faute, puis qu'elle ne procede point d'vn desir de singularité ou
d'affectation. Non vn malheur, parce
que c'est plustost vn priuilege ou aduantage d'estre les premiers à descouurir des veritez, que tout œil vulgai-

re ne peut pas apperceuoir. Si la
Nouueauté euſt eſté touſiours reiet-
tée, les Arts & les Sciences ne ſeroient iamais paruenuës à la perfection où nous les voyós auiourd'huy,
ny ne pourrions pas eſperer de refor-
mation à venir. Quoy que la Verité
ſoit d'elle-meſme éternelle, ſi eſt-ce
qu'au regard des opinions des hommes, à peine y en a-il vne ſeule qui
n'ait eu ſon commencement, & qui
autrefois n'ait eſté eſtimée nouuelle.
Et ſi pour cette raiſon elle euſt eſté
condamnée comme vne erreur; qu'-
elles tenebres & ignorance vniuerſel-
le auroit on veu dans le Monde en
comparaiſon de la lumiere qui abon-
de maintenant? ſelon ce dire du Poëte Horace.

Horat. lib.
2. cp. 1.

Si nos Predeceſſenrs auoient comme en
*   noſtre aage*
*   Hay la Nouueauté:*
Nous n'aurions rien de vieux, & rien
*   pour noſtre vſage*
*   N'euſt eſté inuenté.*

Mais pour mieux ſatisfaire à tous
les ſcrupules qui pourroient naiſtre

de la Nouueauté ou singularité qu'il
semble y auoir en cette opinion, ie
proposeray ces considerations suiuantes.

1. Posé que ce fust vne Nouueauté: Considera-
encore n'est-ce qu'en Philosophie, & tion 1.
n'est composée d'autre chose : mais
qui reçoit accroissement des experiences iournalieres. Il est vray que
pour ce qui est de la Theologie, nous
auons vne regle infaillible qui nous
informe clairement de toutes les veritez necessaires: & partant les temps
primitifs sont de plus grande authorité, parce qu'ils approchoient le plus
de ces saints hommes, qui ont redigé
par escrit les Oracles diuins. Mais
pour la Philosophie il n'en est pas de
mesme. Quoy qu'en puisse dire les
Scholastiques, les œuures d'Aristote
ne sont pourtant pas necessairement
veritables ; & luy mesme a prouué
par de suffisans argumens, qu'il estoit
suiet à faillir. Or en ce cas, si nous
voulons parler proprement, l'antiquité consiste en la vieillesse du monde, & non pas en sa ieunesse. En tel-

le Science que celle-cy, qui peut s'ac-
croiſtre par des experiences toutes
freſches & par des nouuelles deſcouuertes : ce ſommes nous qui ſommes
les Peres, & de plus grande authorité
que les ſiecles precedens, parce que
nous auons l'aduantage d'auôir eu
plus de temps qu'eux, & la Verité
(diſons-nous) eſt Fille du temps.
Quoy qu'il en ſoit, il n'y a rien de
propoſé en cette opinion auec telle
authorité de Maiſtre, que le Lecteur
ne puiſſe vſer de ſa liberté. Et ſi les
raiſons conſiderées toutes enſemble
ne luy ſemblent pas conuaincantes, il
l'a pourra librement reietter.

En ces poincts de Philoſophie naturelle qui contiennent quelque doute ou obſcurité, la voye la plus aſſeu-
rée eſt de ſuſpendre noſtre conſentement : & bien que nous puiſſions diſ-
puter pour & contre, ne pas affermir
pourtant noſtre opinion de coſté ne
d'autre.

Conſidera-
tion 2. Secondement, en peſant l'authorité des hommes, ce n'eſt pas leur
nombre qui doit preualoir, ou leur
connoiſ-

connoissance en quelques choses, qui
leur doiue faire adiouster foy en toutes, mais nous deuons examiner quelle connoissance & particuliere experience ces gens-là ont peu auoir aux
choses pour lesquelles ils sont alleguez. Or il est clair & euident que le
vulgaire iuge par ses propres sens, &
partant sa voix n'est nullement propre à decider aucun poinct douteux
de Philosophie, lequel ne se peut pas
bien examiner ou esclaircir, sans discours & sans raisonnement. Et pour
ce qui est des anciens Peres, bien que
ils fussent tres eminens personnages
pour leur saincteté de vie & suffisance
extraordinaire en la Theologie ; si
est-ce que la pluspart d'entr'eux ont
esté fort ignorans en cette partie de
Science qui concerne cette opinion,
ainsi qu'il appert par leurs mesprises
grossieres, comme par exemple en
celle là touchant les Antipodes : &
partant leur opinion en cette matiere
ne peut pas estre de grand poids en-
uers ceux qui sans passion recherchent la verité.

B

a Allox.
Rosc lib.
1. sect.
1. cap. 8.

Mais on ^a obiecte à l'encontre de cecy, Que l'exemple des Antipodes n'infere pas vne ignorance particuliere en ces sçauans hommes là ; Ou qu'ils fussent moins versez en ces Arts humains que les autres, puis que Aristote mesme & Pline, les ont niez aussi bien qu'eux.

Ie responds.

1. Que si Aristote & Pline ont nié les Antipodes, cela feroit d'autant plus pour nostre present propos & nous donneroit gain de cause. Car si de si sçauans hommes qu'eux, & si eminens pour la connoissance qu'ils auoient des choses naturelles, se sont neantmoins trompez si grossierement en ces matieres qui maintenant nous sont euidentes & certaines : Il n'y auroit donc pas de raison de despendre de leurs Assertions ou authoritez, comme s'ils estoient infaillibles.

2. Bien que faute d'experience ces deux grands Naturalistes se soient mespris, pendant qu'ils ont creu qu'il n'y auoit aucun lieu habitable que les

Zones temperées ; si est-ce toutesfois qu'on ne peut pas inferer de là qu'ils niassent la possibilité des Antipodes: puis que ce sont habitans qui viuent à l'opposite de nous en l'autre Zone temperée ; & ce seroit vne chose absurde de s'imaginer que ceux qui habitent en des Zones differentes, peussent estre Antipodes les vns aux autres ; & feroit voir encor clairement qu'vn homme n'entendroit pas bien, ou bien auroit oublié la commune distinction qui se fait en Geographie, où la relation qu'ont les habitans du Monde les vns aux autres se diuise sous ces trois chefs, assauoir en Anteciens, Perieciens & Antipodes. Mais pour laisser passer cela ; Il est certain que quelques-vns des Peres ont nié les Antipodes sur d'autres raisons plus absurdes. Or si des personnages tels que S. Chrysostome, Lactance & autres, reputez pour sçauantissimes, & qui mesmes florissoient en ces derniers temps où les sciences humaines se professoient plus vniuersellement, se sont neantmoins tant abusez, en

vne chofe fi apparente & fi certaine?
Pourquoi donc ne pouuons-nous pas
croire que ces premiers Saints, qui
ont efté les Efcriuains des facrez vo-
lumes & eminens fur tous autres en
leurs temps pour leur faincteté &
cónoiffance, n'ayent peu neantmoins
ignorer entierement plufieurs veritez Philofophiques, lefquelles font
communément connuës d'vn chacun
de nous en nos iours? Il eft fort croyable que le S. Efprit les informoit feulement de la connoiffance des chofes
dont ils deuoient eftre les Secretaires,
& qu'ils n'eftoient pas mieux verfez
que les autres aux poincts de Philofophie. Il eft bien vray qu'il y en a eu
parmy eux qui ont efté furnaturelle-
ment doüez de la fapience humaine,
mais c'eftoit afin que par ce moyen ils
fuffent plus propres pour quelques
fins particulieres à quoy tous autres
n'eftoient pas deftinez. Ainfi fut Salomon doüé de toutes fortes de connoiffances en tres grande mefure,
parce qu'il nous deuoit enfeigner par
fa propre experience leur extréme

vanité, afin de n'y pas attacher nos
cœurs comme si elles nous pouuoient
apporter vn vray repos & contente-
ment d'esprit. Ainsi furent les Apo-
stres extraordinairement inspirez de
la connoissance des langues, parce
qu'ils deuoient prescher à toutes Nations. Mais il ne s'ensuiura pourtant
pas de là, que les autres saints Escriuains fussent plus sçauans que d'autres. Il y a apparence que Iob auoit
autant de sapience humaine que la
pluspart d'entr'eux, son liure estant
sur tout remarquable pour ses expressions sublimes, & ses discours de
la nature: & cependant il n'est pas
vray semblable qu'il eust connoissan-
ces de tous ces mysteres que ces derniers temps ont descouuerts. Car
lors que Dieu le voulut conuaincre de
folie & d'ignorance, il luy propose
des questions comme entierement
insolubles, lesquelles neantmoins le
plus chetif Philosophe de nostre
temps eust peu resoudre. Comme
vous le pouuez voir amplement au
trente huictiéme chap. de son liure.

Ecclesiast. 1. 18.

L'occasion en fut telle : c'est que
Iob ayant ^a auparauant desiré de
s'arraisonner auec le Tout Puissant
touchant la droiture de ses voyes, &
les afflictions desmesurées qu'il en-
duroit, il obtint en fin son desir en ce
poinct ; & Dieu, en ce 38. chapitre
daigne disputer auec luy. Où c'est
qu'il fait voir à Iob combien il estoit
incapable de iuger des voyes de la
Prouidence diuine en la dispensation
des biens & des maux, veu qu'il estoit
si ignorant és choses ordinaires, qu'il
ne pouuoit pas mesme comprendre
la raison des euenemens naturels &
communs. Comme ^b par exemple
pourquoy la Mer doiue ainsi estre
bornée & empeschée d'inonder la
terre. Quelle est l'estenduë de la Terre ? Quelle est la raison de la neige &
de la gresle ? Quelle est la cause de la
pluye & de la rosée, de la glace, & autres choses semblables ? Par lesquelles questions il semble que Iob se
trouua tellement embarrassé, qu'il
fut contraint par apres de s'humilier,
& faire cette reconnoissance. ^c *I'ay*

a *Chap.13.3.*

b *Chap.38.*
vers.8.10.
11.

vers.18.
vers.22.
vers.28.29.

c *Chap.42.*
3.6.

donc parlé, & ie n'y entendoye rien : ces choses sont trop merueilleuses pour moy: & ie n'y cognoy rien. Pourtant i'ay horreur de moy-mesme, & m'en repen sur la poudre & sur la cendre.

De sorte qu'il semble que ces saints personnages là n'ont point eu les arts humains par inspiration speciale, mais par instruction & estude, & autres moyens ordinaires: & c'est pour cela que la connoissance qu'auoit Moyse en cette science, est appellée la Sapience des Egyptiens. Or pource qu'en ces temps là toutes les sciences n'estoient enseignées que d'vne façon grossiere & imparfaite, il y a bien de l'apparence qu'eux aussi, n'auoient qu'vne connoissance obscure & confuse des choses, & estoient suiets aux erreurs vulgaires. Et c'est pour cette raison, que [a] Tostat, parlant de ce que Iosué commanda à la Lune, aussi bien qu'au Soleil, de s'arrester, dit, que Iosué estoit peut-estre peu experimenté en la doctrine des Astres, ayant le mesme sentiment grossier qu'auoit le vulgaire, tou-

Actes 7. 22.

[a] *Iosué cap. 10. quest. 19 Quod forte erat imperitus circa Astrorum doctrinam, sentiens vt vulgares sentiunt.*

chant les Cieux. De toutes lesquelles choses on peut inferer, que l'ignorance de ces saints hommes & de ces
sçauans personnages touchant ces
poincts Philosophiques, ne peut pas
estre vne suffisante raison pourquoy,
apres les auoir bien examinez, nous
les deuions reietter, ou douter de
leur verité.

En troisiéme lieu est considerable,
qu'és rudimens & premiers commen-
cemés de l'Astronomie, & de mesme
en diuers siecles d'apres, cette opinion trouua plusieurs Partisans, & ce
mesme tres notables & eminens en
sçauoir. Tel fut plus particulierement Pythagore, qui pour son diuin
esprit & tres rares inuentions fut generalement & hautement estimé; &
sous les dits mystiques duquel il y a
plusieurs excellentes veritez à descouurir.

Mais côntre ce tesmoignage Alexandre Rosse a obiecte derechef, que
quand bien Pythagore auroit esté de
cette opinion, son authorité ne de-
ueroit pourtant pas estre d'aucun credit,

dit, parce qu'il a esté autheur de beaucoup d'autres absurditez monstrueu-
ses.

A cela ie responds, que si l'erreur
d'vn homme en quelques poincts particuliers le despouilloit de son credit,
& empeschoit qu'on ne luy adioustast
foy en toute autre chose, cela abo-
lisoit la force de toute authorité humaine, car *humanum est errare.* Secondement, il y a bien de l'apparence que
plusieurs des dits de Pythagore ne
se doiuent pas prendre à la lettre,
mais en vn sens mystique.

Mais ce mesme Autheur obiecte,
que Pythagore n'estoit point de cette
opinion; & ce pour ces deux raisons.
Premierement, parce que nul ancien
Autheur, qu'il ait iamais leu, ne la
luy attribué. Secondement parce
qu'elle est contradictoire à ses autres
opinions touchant l'harmonie qui se
faisoit par le mouuement des Cieux,
ce qui ne pouuoit compatir auec cette autre opinion du mouuement de
la Terre.

Ie responds à la premiere de ces

C

raiſons, qu'il n'y a pas d'apparence que celuy qui fait ces obiections là ne ſceuſt bien que cette aſſertion eſt attribuée par pluſieurs anciẽs autheurs à cette ſecte dont Pythagore eſtoit le chef. Voire il l'euſt peu voir expreſſement dans a Ariſtote meſme, en ſon liure du Ciel: Où le Philoſophe deduit briefuement les trois principales particularitez inferées en l'opinion des Pythagoriciens. Premierement, l'eſtre du Soleil au centre du monde. Secondement, le mouuement annuel de la Terre tout à l'entour de luy, comme eſtant vne des Planettes. Et en troiſiéme lieu, ſa reuolution iournaliere, par laquelle elle cauſe les iours & les nuicts.

A la ſeconde raiſon ie reſponds, Premierement, que Pythagore eſtimoit que la terre eſtoit vne des Planettes (comme il appert par le teſmoignage que luy rend Ariſtote meſme) & qu'elle ſe mouuoit parmy les autres Planettes. De ſorte que ſon ſentiment touchant le mouuement des Cieux, n'eſt pas incompatible

a Lib. 2. cap. 13.

auec le mouuement de la terre. Secondement, que quant à cette harmonie des Cieux dont il parle, il pouuoit parauenture sous cette expression mystique, selon sa coustume ordinaire représenter cette proportion
mutuelle, & consentement harmonique qu'il s'imaginoit és diuerses grã-
deurs, distance & mouuemens des
Orbes celestes. Tellement que nonobstant toutes ces obiections, il est
euident que Pythagore estoit de cette opinion, & que son authorité peut
estre valable pour sa confirmation.
Auec luy s'accorde a Aristarchus Sa-
mius, qui florissoit enuiron deux cens
quatre vingts ans auant la naissance
de nostre Redempteur, & qui pour
cette opinion fut accusé de propha-
nité & de sacrilege par les Areopa-
gites, pource qu'il auoit blasphemé
contre la diuinité de Vesta, affirmant
que la terre se mouuoit. A ceux-cy
encore ont consenti Philolaus, Hera-
clides, Pontius, Nicetas, Syracusanus,
Ecphantus, Lucippus, & Platon mesme, ainsi que quelques-yns estiment.

a Archime-
des de aræ-
nę numero.

C ij

Comme aussi Numa Pompilius, selon que le raconte Plutarque en sa
vie : lequel, eu esgard à cette opinion, fit bastir le Temple de Vesta en
forme ronde comme l'vniuers, au milieu duquel estoit placé le feu Vestal
perpetuel, par lequel estoit representé le Soleil au centre du monde. Tous
ces personnages là estoient celebres
& fort renommez en leurs temps,
tant pour leur sçauoir, que pour cette opinion.

Consid.4.

Et est encore considerable, que depuis que l'Astronomie s'est esleuée à
quelque degré de perfection, grand
nombre de ceux qui y sont des mieux
versez ont consenti à cette assertion
que nous defendons. Entre lesquels
se trouue le Cardinal Cusanus, mais
plus particulierement Copernic,
homme qui fut tres exact & diligent
en cette sorte d'estude par l'espace de
plus de trente ans, assauoir depuis
l'an 1500. iusqu'à 1530. & depuis luy,
la plus grande partie des meilleurs
Astronomes ont esté de ce party. De
sorte qu'à peine s'en trouue il vn seul

à preſent, de conſideration & de ſçauoir, qui ne ſoit des Sectateurs de Copernic: & s'il en falloit venir à la pluralité des voix, cette opinion l'em-
porteroit tout de grand ſur toute autre. Il ſeroit trop ennuyeux d'inſe-
rer icy les noms de tous ceux que l'on
pourroit alleguer pour cette opinió:
c'eſt pourquoy ie me contenteray de
faire mention ſeulement de quelques
vns des principaux. Comme de Ioa-
chinus Rheticus, elegant Eſcriuain,
Chriſtopherus Rothmanus; Meſtlin,
homme tres eminent pour l'exquiſe
connoiſſance qu'il auoit en cette
ſcience, & lequel bien qu'au commencement il fuſt des ſectateurs de
Ptolomée, ſi eſt-ce neantmoins que
ſur ſes ſecondes penſées & plus meure conſideration, il conclud que l'o-
pinion de Copernic eſtoit la vraye, &
que l'Hypotheſe vulgaire [a] *preualoit
plus par preſcription que par raiſon.* Ainſi Eraſmus Rheinoldus, qui eſt celuy
qui a calculé les tables Pruteniques
des obſeruations de Copernic, & qui
auoit deſſein de faire vn commentai-

[a] Præf. ad
Narrat.
Rhetici.
Præſcri-
ptione po-
tiùs quàm
ratione va-
let.

re ſur ſes autres œuures, ſi la mort ne l'en euſt empeſché auant que de pouuoir accomplir cette reſolution. A ceux-cy ie pourrois encore adiouſter Gilbertus, Keppler, Gallilée, auec diuers autres, leſquels ont embelli & confirmé cette Hypotheſe par leurs inuentions nouuelles. Voire ie puis hardiment affirmer qu'entre ladiuerſité d'opinions qui ſe rencontrent en l'Aſtronomie, il y en a plus(meſme de ceux qui y ſont des mieux verſez) de cette opinion, qu'il n'y en a non ſeulement d'aucun autre parti, mais de tous les autres partis mis enſemble. Tellement qu'à preſent, c'eſt vne grande marque de ſingularité que de s'y oppoſer.

En cinquiéme lieu, il eſt bien croyable que pluſieurs autres des anciens auroient auſſi conſenti à cette opinion, s'ils euſſent veu ou ſceu les experiences que ces derniers temps ont deſcouuert, pour ſa confirmation. Et c'eſt la raiſon pourquoy [a] Rheticus & [b] Keppler ſouhaitent ſi ſouuent que Ariſtote fuſt encor viuant. Sans dou-

te qu'il eſtoit homme ſi raiſonnable
& ſi genereux (& n'eſtoit pas la moitié ſi obſtiné que pluſieurs de ſes ſectateurs) que ſur de telles probabilitez que celles-cy, il auroit bien toſt
renoncé à ſes propres principes, & ſe
ſeroit rangé à ce parti. Car ayant en
vn certain lieu propoſé quelques
queſtions touchant les Cieux, leſquelles n'eſtoient pas bien aiſées à reſoudre : Il poſe cette regle, aſſauoir.
Que dans les difficultez, l'on ſe peut
donner la liberté de dire ce qui ſemble le plus vray ſemblable : & qu'en
telles rencontres, vne aptitude à con-
iecturer quelque reſolution pour raſ-
ſaſier noſtre ſoif Philoſophique, merite pluſtoſt d'eſtre qualifiée du nom
de modeſtie, que de preſomption.
Et en vn autre endroit il renuoye le
Lecteur aux opinions differentes des
Aſtronomes, l'aduiſant d'examiner
leurs diuerſes maximes, Eudoxus
auſſi bien que Calippus : & d'admettre, non ce qui eſt plus ancien, mais
ce qui eſt plus exact & plus conforme à la raiſon. Et pour ce qui eſt de

Item ad 4.
lib. Aſtron.
Copern.

De Cœlo
li. 2. cap. 12.

Met. lib. 12.
cap. 8.

Ptolomée, son conseil est qu'il ne faut rien supposer des Cieux, que de très simple, estans vuides de toutes superfluitez : & confesse que son Hypothese est pleine d'embarras & de diuers destours douteux & sans vray semblance ; & partant au mesme lieu il semble nous aduertir de ne nous point trop asseurer que les Cieux soient reellement de la mesme forme en laquelle les Astronomes les ont supposez. De sorte qu'il semble que son principal but estoit de nous proposer vne telle fabrique des corps celestes, que par icelle nous peussions en quelque mesure conceuoir de leurs differentes apparences, & supputer leurs mouuemens. Mais icy Copernic se met en deuoir de nous proposer les vrayes causes naturelles de ces diuers mouuemens & apparences. L'intention de l'vn, estoit d'affermir l'imagination ; & l'intention de l'autre, estoit de satisfaire le iugement. Si bien qu'il n'y a point de suiet de douter qu'il n'eust consenty à cette opinion s'il eust seulement entendu

tendu nettement tous ses fondemens
ou principes.

On raconte de Clauius, que lors
qu'estant en son lict mortel il enten-
dit les premieres nouuelles des descouuertes qui s'estoient faites par le
moyen de la Lunette de Gallilée, il
s'escria à haute voix & dit, *Qu'il
conuenoit aux Astronomes de s'aduiser
de quelque autre Hypothese que de
celle de Ptolomée, par laquelle ils peuſ-
ſent ſauuer toutes ces nouuelles Phœnomenes.* Signifiant par là que l'ancienne Hypothese qu'il auoit autresfois souſtenuë, ne ſeroit pas à preſent
de miſe. Et ſans doute s'il euſt eſté
informé comment toutes ces Phœnomenes quadrent & s'accordent
auec l'opinion de Copernic, il ſe fuſt
bien toſt ietté de ſon parti.

En ſixiéme lieu eſt conſiderable
qu'entre tous les Sectateurs de Copernic, à peine s'en trouue il vn ſeul
qui n'ait eſté autresfois contre luy, &
qui premierement n'ait eſté imbu des
principes d'Ariſtote, eſquels pour la
pluſpart ils ne ſont pas moins bien

D

versez, que ceux qui sont si violens
en leur deffence. Là où au contraire
il s'en trouue fort peu d'entre les sectateurs d'Aristote & de Ptolomée
qui ayent rien leu de Corpernic, ou
qui entendent à plein fonds les principes ou maximes de son opinion: &
ie ne croy pas qu'il y en ait iamais eu
vn seul qui ayant esté vne fois affermy de ce costé cy, s'en soit puis apres
detaché. Or si nous pesons serieuse-
ment en nous mesmes, que tant de
grands personnages ont reietté vne
opinion en laquelle ils auoient esté
nourris & esleuez, & qui generalement estoit approuuée pour veritable, & ce pour embrasser vn tel Paradoxe qu'est celuy-ci, condamné dans
les escoles, & vniuersellement descrié
comme absurde & ridicule; Si, di-ie,
on considere bien tout cela, il faudra
conclurre necessairement qu'en l'e-
xamen de cette opinion, il se descouure quelque puissante euidence, &
que selon toute probabilité cette opinion est la meilleure.

Considera-
ration 7, En septiéme lieu, il y a bien de l'ap-

parence que la plufpart des Autheurs
qui ont combattu cette opinion, depuis qu'elle a efté confirmée par des
nouuelles defcouuertes, ont efté meus
à cela par quelqu'vne de ces trois che-
tiues raifons fur lefquelles ils fe fon-
doient.

1. Par vne trop bonne opinion
d'eux mefmes, & des chofes dont ils
auoient efté les inuenteurs. Chacun
naturellement ayme plus ce qui eft
de fa production, que celle dont vn
autre eft l'Autheur, bien que peut
eftre elle fuft plus conforme à la raifon. Il eft bien difficile à l'homme en
la recherche de la verité, de trouuer
vne telle moderation en foy que de
ne pas laiffer emporter fon iugement, par vne trop prefomptueufe
affection, à ce qui vient de luy mefme. Et c'eft là peut eftre la premiere
raifon qui a meu le noble Tycho Brahé à s'oppofer auec tant de chaleur à
Copernic, afin que par ce moyen il
peuft d'autant mieux s'ouurir le paffage pour efpandre par tout l'Hypothefe qui eftoit de fon inuention. A

D ij

quoy ie pourrois aussi rapporter l'o-
pinion d'Origanus & de Carpenta-
rius, lesquels attribuent à la terre vn
mouuement iournalier seulement.

2. Par vne seruile & superstitieuse
crainte de déroger à l'authorité des
anciens, ou s'opposer au sens des
phrases de l'Escriture auquel l'Eglise
les a prises & entenduës par vn si
long espace de temps: craignans peut
estre que si par vn examen plus exact
on venoit à descouurir à l'aduenir
que cette verité fust si notoire qu'elle ne se peust nier, cela ne redondast
au preiudice de l'Eglise & de son in-
faillibilité. (Quoy que cela n'y fait
rien du tout en matiere de poincts de
Philosophie.) Et c'est pour cette raison là que les Iesuites, qui d'ailleurs
sont grands Amateurs de ces opinions qui semblent nouuelles & subtiles, se gardent pourtant bien de
rien dire en faueur de celle-cy ; mais
plustost prennent toute occasion de
declamer à l'encontre. [a] Serrarius, l'vn
de cette Societé, la condamne expressément pour heresie. Et depuis

a Coment.
in Ios. cap.
10. quæst.
14.

luy elle a esté supprimée par deux Sessions de Cardinaux, comme estant (ce disoient-ils) vne opinion & absurde & dangereuse. Mais neant-moins ie ne trouue point que ny ces assemblées là, ny aucune autre du depuis, ayent procedé si peremptoirement à sa censure, que de la iuger estre vne heresie. Et c'est pourquoy Fromondus, qui est le plus grand ennemy qu'elle ait, ne luy veut pas donner ce nom là, mesme dans la plus grande chaleur du contraste.

Tout le pis qu'il en ose dire est, que c'est *vne* [a] *opinion temeraire, & qui approche fort de l'heresie.* Quoy qu'à cecymesme il fust aussi emporté par ardeur de la dispute, & par vn desir de victoire : car il semble que plusieurs des plus illustres & eminens personnages de l'Eglise auparauant luy, s'estoient monstrez beaucoup plus doux & plus moderez au iugement qu'ils en faisoient.

Le Pape Paul III. ne tesmoigna point estre tant fasché contre Copernic, quand il luy dedia son ouurage.

Item Lipsius Phisiol. lib. 2.
b En l'an 1616, & 1633.

[a] Opinio temeraria, quæ altero saltem pede intrauit hæresios limen. From. Antarist. c. 6.

Le Cardinal Cusanus maintient expressément cette opinion.

Sconbergius Cardinal de Capoüe mendia de Copernic auec beaucoup d'importunité & grande approbation, les Commentaires qu'il auoit faits sur ce suiet. Et mesme il semble que les Peres du Concile de Trente, ne se monstrerent pas si hardis defenseurs de l'Hypothese de Ptolomée contre Copernic, comme le font plusieurs à present. Car parlans de ces subtilitez entortillées, dont la fantaisie des hommes s'estoit aduisée pour maintenir la practique de l'Eglise, ils accomparerent ces gens là aux Astronomes, lesquels (disoient-ils) feignent des Excentriques & des Epicicles, & tels autres instrumens d'Orbes pour sauuer les Phænomenes, bien qu'ils sçachent qu'il n'y a rien de tout cela.

3. En iugeant des choses par les sens, plustost que par le discours & par la raison ; Astreignant le sens de l'Escriture à la lettre, & de là concluans les poincts de Philosophie,

ioinct auec l'ignorance de tous ces
principes & de toutes ces probabilitez en Aſtronomie , ſur quoy cette
opinion eſt fondée. Et c'eſt là ſelon
toute apparence la raiſon pourquoy
quelques vns qui d'ailleurs ſont peut
eſtre tres ſçauans , eſcriuent à l'encontre de cette opinion auec tant
d'ardeur & de vehemence : & que le
commun peuple en general la met au
deſcri comme eſtant abſurde & ridicule. Ie pourrois encore ſous ce meſme chef rapporter l'oppoſition que
Fuller , Roſſe & autres y font.

Mais nul preiugé naiſſant de l'authorité nuë & ſimple de tels ennemis
que ceux-cy , ne l'emportera iamais
ſur le iugement d'vn homme entendu & deſpoüillé de paſſion. Et ie ne
doute point que celuy qui peſera
comme il faut toutes les particularitez qui ſont propoſées cy deſſus , ne
trouue dequoy ſe ſatisfaire ſur ces
argumens , pris de l'apparente nouueauté & ſingularité de cette opinion.

PROPOSITION II.

Qu'il n'y a pas vn seul passage en l'Escriture, estant bien entendu, duquel on puisse inferer le mouuement iournalier du Soleil ou des Cieux.

E nous seroit vn grand bon-heur si nous pouuions exem-pter l'Escriture sacrée des controuerses de Philosophie, & nous contenter de la laisser estre parfaite pour la fin à quoy elle a esté destinée, assauoir pour estre regle de nostre Foy & de nostre Obeyssance, sans l'estendre encore à estre iuge des veritez naturelles, lesquelles se doiuent descouurir par nostre propre industrie & experience. Combien qu'il eust esté facile au S. Esprit de nous resoudre amplement de toutes ces particularitez : si est-ce qu'il a laissé ce trauail aux fils des hommes pour s'y occuper, *Mundum reliquit disputatio-nibus*

Eccles. 3, 10. 11.

nibus hominum : afin qu'eſtans pour la pluſpart du temps employez à la recherche des creatures, ils euſſent moins de loiſir de penſer à leurs conuoitiſes, ou ſeruir à leurs inclinations plus pechantes.

Mais quoy qu'il en ſoit, d'autant que nos aduerſaires generalement inſultent auec tant d'ardeur & font ſonner ſi haut ces argumens qui ſe peuuent tirer de l'Eſcriture : & parce que plus particulierement Pineda declame auſſi à toute outrance contre le ſçauant Dr Gilbert de ce qu'en renouuellât cette opinion il obmet à faire reſponce aux expreſſions de l'eſcriture : il eſt requis qu'en la pourſuite de ce diſcours, nous eſclairciſſions tous les doutes que l'on en pourroit tirer. Sur tout puis que le preiugé qui pourroit naiſtre de la meſpriſe de ces phraſes ou façons de parler de l'Eſcriture, pourroit rendre le lecteur incapable de ietter l'œil ſur d'autres argumens auec vn eſprit eſgal.

Les paſſages donc qui ſemblent s'oppoſer à cecy, ſont de deux ſortes.

Commenꝶ.
in Eccleſ.
c. 1. v. 4.

E

Premierement ou ceux qui inferent vn mouuement aux Cieux ; ou ceux en second lieu, qui semblent exprimer vn repos & immobilité en la terre.

Ceux de la premiere sorte semblent porter auec eux vne plus claire euidence, & partant nos aduersaires insistent le plus sur ces passages là. Et se peuuent rapporter à ces trois chefs.

1. A tous ces passages de l'Escriture qui font mention du leuer ou du coucher du Soleil ou des Estoilles.

2. A l'histoire de Iosué, ou le Soleil s'arrestant est conté pour vn miracle.

3. A cette autre merueille faite és iours d'Ezechias, lors que le Soleil recula de dix degrez au quadran d'Achas. Tous lesquels semblent conclurre que le mouuement iournalier est causé par les Cieux:

A cela ie respons en general.

Qu'il a pleu au S. Esprit, en ces expressions de l'Escriture, de s'accommoder à l'imagination du vulgaire & à l'opinion commune : car si en vne

phrase plus propre & plus exacte il
euſt eſté dit, Que la Terre ſe leue &
ſe couche, ou que la Terre ne bouge
d'vne place ; le peuple, qui n'euſt pas
eu connoiſſance de ce ſecret en Philoſophie, n'en euſt pas compris le
ſens, & partant il eſtoit conuenable
de parler à eux en leur propre langage.

Ouy, mais repliquerez-vous , il y
auroit bien plus d'apparence que ſi
telle choſe euſt eſté, le S. Eſprit ſe
fuſt ſerui des plus vrayes expreſſions:
car alors il les auroit en méme temps
& informez de la choſe , & reformez
de leur erreur : puis que ſa ſeule authorité euſt ſuffi pour redreſſer leur
meſpriſe.

Ie reſpond premierement, que poſé
que cela fuſt, ſi eſt-ce que le principal
but de ces paſſages n'a pas eſté de
nous inſtruire en aucun poinct de
Philoſophie, comme il a eſté prouué
ſuffiſamment au premier liure ; &
principalement quand ces choſes ne
ſont ny neceſſaires en elles meſmes,
ny n'induiſent neceſſairement à vne

E ij

plus grande intelligence de ce qui est
l'affaire principale de ces Escritures
là. Or les peuples peuuent mieux
conceuoir & comprendre le sens du
S. Esprit, quand il s'accommode à
leur capacité & à leur opinion, que
lors qu'il parle exactement des choses, & en vne phrase si precise, qu'elle
excede leur portée : Et partant il est
dit en Esaye, *Ie suis le Seigneur ton*
Dieu, qui t'enseigne les choses vtiles :
où la Glose a, *non subtiles,* c'est à dire,
non des curiositez de nature qui ne
se peuuent pas aisémét comprendre.

    Secondement, cela n'est pas seule-
ment hors du principal but de ces
passages de l'Escriture, mais mesmes
en quelque degré y pourroit estre
contraire. Car les hommes naturellement ne croyans pas volontiers ce
qui semble choquer leurs sens, pourroient là dessus commencer à reuo-
quer en doute l'authorité du liure qui
l'affirmeroit, ou au moins tordre l'Escriture mal à propos pour la forcer à
vn autre sens qui fut plus conforme à
leur fausse imagination ᵃ Tertulian

nous parle de quelques heretiques, qui estans clairement refutez par quelque texte de l'Escriture, ils accusoient incontinent ces textes ou ces liures-là d'estre faillibles & de nulle authorité, & aimoient mieux auoüer que l'Escriture estoit erronée, que de abandonner ces doctrines, pour lesquelles ils croyoient estre si bien fondez. De mesme en eust-il pû estre de ces poincts icy, qui semblent porter auec eux tant de côtradictiô aux sens & à l'opinion cômune: & partant c'est vn excelent aduis que donne [a] S. Augustin, *Qu'aux choses obscures nous ne deuons rien croire temerairement, de peur que parauanture nous ne venions à hair pour l'amour de nostre erreur ce que puis apres la verité nous auroit descouuert, quoy qu'il ne fust aucunement contraire aux saints Liures, soit du vieil, soit du nouueau Testament.* Il ne faut pas auoir beaucoup leu pour sçauoir comment on a abusé de ces textes, à des allegories estranges & contre l'intentiô de l'Escriture, lesquels ont fait mention de quelque verité natu-

[a] In Genes. ad lit. lib. 2. in fine. Quod nihil credere de re obscurâ temere debemus, ne forte quod post ea veritas patefecerit, quam vis libris sâctis siue testamenti veteris, siue noui, nullo modo esse possit aduersum, tamen propter amorem nostri erroris oderimus.

relle en vne maniere qui ne s'accor-
doit pas auec l'imagination des hommes. Et d'ailleurs, si le S. Esprit nous
eust proposé quelques secrets de Philosophie, nous eussions esté tellement
enclins à nous occuper à la recherche
de ces secrets là, que nous aurions ne-
gligé d'autres choses de beaucoup
plus grande importance. Et c'est
pourquoy S. Augustin proposant cette question, sçauoir quelle doit estre
la raison de ce que l'Escriture ne couche rien clairement par escrit touchant la Nature, la Figure, la Grandeur, & le Mouuement des Globes
celestes ; il y respond en cette sorte,
Idem c. 9.   *Le S. Esprit (dit-il) ayant à nous proposer des veritez plus necessaires, n'a point
voulu inserer celles-cy, de peur que les
hommes suiuant la corruption de leur nature, ne negligeassent les choses de plus
grand poids, & n'occupassent leurs pensées à des poincts speculatifs naturels,
moins necessaires.* De sorte qu'il semble plus conuenable que l'Escriture
ne se soit point meslée de reueler ces
secrets qui sont si hors d'apparence;

sur tout quand elle a à nous departir
beaucoup d'autres mysteres de plus
grande necessité , qui semblent choquer les sens & la raison. Et c'est
pourquoy, di-je, le S. Esprit a pû tout
exprés obmettre à traitter de ces secrets Philosophiques , iusqu'à ce que
le temps & les descouuertes qui s'en
feroient, peussent à loisir les affermir
dans l'opinion des hommes : comme
en d'autres choses de plus haute nature , il a pleu à Dieu de s'accommoder à l'infirmité de nos conceptions,
par estre representé comme s'il auoit
vne nature humaine, auec les parties
& les passions d'vn homme. De mesme aussi en ces choses dont nous par-
lons, le S. Esprit s'abbaissant à nostre
portée, & begayant auec nous, daigne
adjuster ses expressions à l'erreur de
nos iugemens.

Mais auant que de passer à vn plus
ample esclaircissement , examinons
vn peu ces passages de l'Escriture que
on allegue communément pour
prouuer le mouuement du Soleil ou
des Cieux. Lesquels (comme il a esté

dit cy deſſus) ſe peuuent reduire ſous
ces trois chefs.

1. A ces paſſages qui font mention
du leuer ou du coucher du Soleil,
comme celuy-ci du Pſeaume 19. *Le
Soleil comme vn Eſpoux ſort de ſa chambre, & s'eſgaye comme vn Geant pour
faire ſa courſe. Son depart eſt de l'vn
des bouts des Cieux, & ſon tour ſe fait
ſur les bouts d'iceux, & il n'y a rien qui
ſe puiſſe cacher arriere de ſa chaleur.* Et
celuy-ci de l'Eccleſiaſte, *Le Soleil ſe
leue, & le Soleil ſe couche*, &c.

Eſquels paſſages nous pouuons remarquer diuerſes façons de parler,
qui euidemment ſont dites eu eſgard
à l'apparence des choſes, & à la fauſſe
opinion du vulgaire. Et partant il
n'eſt pas tout à fait hors d'apparence
que ce qu'ils ſemblent affirmer touchant le mouuement des Cieux, ne
ſe doiue auſſi entendre en ce meſme
ſens-là.

*Le Soleil comme vn Eſpoux ſort de ſa
chambre:* faiſant peut-eſtre alluſion à
l'opinion du peuple ignorant, comme s'il ſe repoſoit tout le temps qu'il
est abſent

est abſent de nous, & ſortoit de ſa chambre quand il ſe leue.

Et s'eſgaye comme vn Geant pour faire ſa courſe, parce qu'au matin il paroiſt plus grãd qu'en vn autre temps; & partant au regard de cette apparence il peut eſtre accomparé à vn Geant.

Son depart eſt d'vn bout des Cieux, & ſon tour ſe fait ſur les bouts d'iceux. Faiſant encore alluſion à l'opinion du vulgaire : lequel ne comprenant pas la rotondité des Cieux, ſe l'imagine auoir deux bouts : l'vn où le Soleil ſe leue, & l'autre où le Soleil ſe couche.

Et il n'y a rien qui ſe puiſſe cacher arriere de ſa chaleur : parlant touſiours eu eſgard à l'erreur vulgaire, comme ſi le Soleil eſtoit actuellement chaud de ſoy-meſme ; & comme ſi la chaleur du temps ne s'engendroit pas par la reflexion, mais procedoit immediatement du corps du Soleil.

Ainſi pareillement pour le paſſage de l'Eccleſiaſte, où il eſt dit que *le Soleil ſe leue, & que le Soleil ſe cou-*

che, &c. Lesquelles phrases estans entenduës proprement, emportent qu'il
seroit quelquesfois en vn plus haut
lieu qu'en d'autresfois : là où en vne
circonference il n'y a point de lieu
plus haut ou plus bas que l'autre, chaque partie estant à mesme distance du
centre, qui est le fonds. Mais enten-
dez la phrase eu esgard à l'apparence
du Soleil, & alors nous demeurerons
d'accord qu'il semble tantost se leuer
& tantost se coucher, pource qu'au
regard de l'Horison (que le commun
peuple s'imagine estre le fond, & aux
plus esloignées limites se ioindre aux
Cieux) le Soleil y semble au matin
se leuer, & au soir s'y aller coucher.
Or d'autant, di-ie, qu'en la maniere
de ces expressions le S. Esprit fait
vne si claire allusion aux erreurs du
vulgaire & aux fausses apparences
des choses: ce n'est donc pas sans vraye
semblance que ce passage se doiue
aussi interpreter en ce mesme sens,
lors qu'il semble inferer vn mouuement au Soleil ou aux Cieux.

2. Le second passage est ce récit

dans Iosué : où il est fait mention
comme d'vn miracle, que le Soleil
s'arresta tout court. Et Iosué dit, *So-*
leil, demeure coy sur Gabaon, & toy Lu-
ne en la vallée d'Ajalon. Ainsi le Soleil
s'arresta au milieu des Cieux, & ne se
hasta point de se coucher enuiron vn iour
entier. Et n'a point esté de iour sembla-
ble à cestuy là, deuant ny apres iceluy.
Dans lequel passage il y a aussi diuerses façons de parler où le S. Esprit
n'exprime pas les choses selon leur
vraye nature & comme elles sont en
elles mesmes, mais selon ce qu'elles
paroissent & sont conceuës dans l'o-
pinion commune. Comme,

1. Quand il dit, *Tien toy coy sur Ga-*
baon, ou au dessus de Gabaon. Or la
Terre estant si petite en comparaison
du corps du Soleil, & n'estant que
comme vn poinct au regard du cercle dans lequel il est supposé se mouuoir, & Gabaon n'estant par maniere
de dire que comme vn poinct de ce
globe terrestre: ces paroles ne se peuuent donc pas entendre proprement,
mais selon les apparences. Il est croya-

F ij

Iosué 10. 12.
14.
Galilée
soustient le
sens literal
de ce passa-
ge : vers la
fin du trai-
cté qu'il in-
titule Nou.
Antiq. pat.
doctrina.

rans euſſent connoiſſance.

En troiſiéme lieu, Quant à ce dernier paſſage touchant le retrogradement du Soleil de dix degrez au quadran d'Achaz : I'eſtime qu'on peut
vray-ſemblablement affirmer, qu'il ſe
doit entendre touchant l'ombre ſeulement : laquelle bien qu'elle arriue
neceſſairement en tous quadrans ho-
riſontaux, pour quelque latitude que
ce ſoit entre les Tropiques ; & ainſi
conſequemment en tous quadrans
declinans, dont l'eſleuation du Pole
eſt moindre que la plus grande decli-
naiſon du Soleil, ſelon que Clauius
le remarque : ſi eſt-ce que les circon-
ſtances de ce recit en l'Eſcriture, rendent l'euenement different de cét autre qui eſt commun & naturel : lequel contre ſa nature ſembloit re-
tourner en arriere ; au lieu que le
Soleil meſme ne fut en façon quelconque deſtourné de ſa roûte accouſtumée. De cette opinion eſtoient A-
barbinel, Arias Montanus, Burgen-
ſis, Vatablas Sanctius, & autres.

Les raiſons en peuuent eſtre :

1. Parce que le miracle eſt propoſé concernant l'ombre ſeulement ; *Veux-tu que l'ombre paſſe en auant, ou retourne en arriere de dix dégrez ?* n'y ayant en la moindre façon du monde en l'offre de cette merueille, aucune mention faite touchant le retrogradement du Soleil.

2. Il eſt croyable que nous auñions eu quelque notice touchant l'extraordinaire lõgueur de ce iour là, comme en celuy de Ioſué : mais en ce recit icy la principale choſe que l'hiſtoire Saincte remarque, & dont elle prend connoiſſance, eſt l'alteration de l'ombre.

3. Si cela ſe fuſt fait par le ſuppoſé retrogradement du corps du Soleil, c'euſt eſté vn plus grand miracle que ceux qui auoient eſté faits ſur des occaſions plus ſolemnelles. Il euſt eſté plus merueilleux que ſon apparent repos au temps de Ioſué, & que cette ſurnaturelle Eclipſe qui aduint en la mort de noſtre Sauueur, lors que la Lune eſtoit en ſon plein. Et puis il n'y a pas d'apparence que le S. Eſprit,

au recit de ce miracle , euſt inſiſté
principalemét à exprimer comment
l'ombre retourna en arriere , & ce au
quadran d'Achas ſeulement.

4. Ce ſigne n'apparut point au Soleil meſme ; car au ſecond liure des
Chroniques 32. 31. Il eſt dit *que les
Ambaſſadeurs du Roy de Babylon vin-
rent à Ezechias pour s'enquerir du miracle qui eſtoit aduenu en la trere de Iudée :* & partant il ſemble que ce miracle ne conſiſtoit pas en aucun changement aux Cieux.

5. Si c'euſt eſté au Soleil meſnie, cela
auroit eſté apperceu és autres parties
du monde, auſſi bien qu'en la terre de
Iudée.   Et puis,

1. Quel beſoin y euſt-il eu que le
Roy de Babylon y euſt enuoyé pour
s'en enquerir ? Que ſi vous repliquez
que c'eſtoit pource qu'il auoit eſté oc-
caſionné par la gueriſon d'Ezechias:
Ie reſpond, qu'il n'y a pas d'apparence que les Payens euſſent iamais creu
qu'vn ſi grand miracle ſe fuſt fait pu-
remét pour ſigne de la gueriſon d'vn
homme.   Mais pluſtoſt euſſent eſté
portez

portez à croire que ç'auroit esté pour quelqu'autre fin plus remarquable, & ce mesme par quelques-vns de leurs dieux, ausquels ils attribuoient vn bien plus grand pouuoir qu'à nul autre. Il est plus croyable qu'ils pouuoient auoir ouy quelque bruit volant d'vn miracle qui s'estoit fait en Iudée : lequel pource qu'il estoit aduenu seulement en la maison & quadran d'Ezechias ; & ce mesme sur son recouurement d'vne dangereuse maladie, ils pouuoient estre plus aisément persuadez à croire que s'en estoit là vn signe.

2. Pourquoy ne nous en est-il faict aucune mention dans les escrits des Anciens ? Il n'y a pas d'apparence qu'vn si grand miracle comme estoit celuy-ci se fust passé sous silence s'il fut auenu au Soleil : specialement puis qu'il aduint en ces derniers temps là où grand nombre d'escriuains Payens florissoient dans le monde : comme Hesiode, Archilocus, Symonides : & peu apres Homere, auec diuers autres : & cependant pas vn ne fait au-

G

cune mention d'vn tel prodige. Nous
auós plusieurs recits de choses moins
remarquables qui s'estoient passées
enuiron ce mesme temps là : comme
l'histoire de Numa Pompilius, Gyges,
le combat entre les trois Freres, &
plusieurs autres histoires. Et à peine
est-il croyable que celle-ci eust esté
obmise.

Voire nous auons dans l'antiquité
prophane (ainsi que le conjecturent
plusieurs Autheurs) quelque trace
du miracle fait par Iosué: A quoy,
comme on estime, les anciens faisoient allusion en la Fable de Phaë-
ton, quand le Soleil fut si irregulier
en sa course, qu'il embrasa vne partie
du monde. Et sans doute donc, celuy
ci qui aduint és derniers temps n'auroit pas esté si absolument oublié.
a Tractat.
35. in Mat.
C'est vn argument que presse ª Ori-
gene, assauoir, Que l'Eclipse qui
aduint en la Passion de nostre Sauueur ne fut pas vniuerselle, parce que
nul autheur prophane de ces temps
là n'en fait mention, Qui est la mesme consequence alleguée en cet au-

tre cas. Mais en passant, son antece-
dent est faux, puis que a Tertullian ^{a Apolo-}
affirme, Qu'elle se trouuoit inserée ^{get.cap.21.}
dans les Annales Romaines.

Or quant à cette histoire dans He- ^{Lib. 2.}
rodote, où c'est qu'apres auoir racon-
té la fuite de Sancherib, il nous dit
comment le Soleil par quatre fois dãs
l'espace de dix mille trois cens quarante ans, changea sa course & se le-
ua en l'Occident; ce qui eust en effect
semblé estre ainsi aux autres nations,
s'il eust seulement retourné en arriere, comme plusieurs le concluent de
ce passage de l'Escriture; cette histoire, di-je, ne peut pas bien estre alleguée comme pertinente à ce propos,
parce qu'elle semble se rapporter à
des temps qui iamais ne furent.

Tellement que toutes ces choses
estans bien considerées, nous trouuerons qu'il y a plus d'apparence que ce
miracle icy consistoit au retrogradement de l'ombre.

Si vous obiectez que l'Escriture dit
en termes expres que *le Soleil mesme* ^{Esaye 38.8.}
retrograda de dix degrez; Ie respond,

G ij

que c'est vne façon de parler fort fre-
quente en l'Escriture de mettre la
cause pour l'effet ; comme en ce paf-
a Ionas 4.8. fage de a Ionas, où il est dit que *le soleil
frappa sur la teste de Ionas*, c'est à dire,
les rayons du Soleil. Ainsi au Pseaume 121. verset 6. *le Soleil ne te frappe-
ra point de jour*, c'est à dire, la chaleur
qui procede de la reflexion du Soleil.
En ce mesme sens cette phrase ou façon de parler se peut entendre en ce
lieu cy. Et le Soleil peut estre dit re-
tourner en arriere, pource que la lumiere, qui est l'effet d'iceluy le sem-
bloit faire ; ou plustost, pource que
l'ombre, qui est l'effet de celle-là,
changeoit son cours.

Ce dernier passage de l'Escriture
ne fait donc rien du tout à ce present
propos. Et quant aux autres des deux
premieres sortes, I'ay dé-ja respon-
du, Qu'ils sont dits eu esgard à l'apparence des choses, & à l'opinion vulgaire. Pour plus ample esclaircissement dequoy, Ie tascheray de confirmer ces deux poincts particuliers.

1. Que le S. Esprit en quantité

d'autres endroits de l'Escriture, accommode ses expressions à l'erreur de nos imaginations : & parle de diuerses choses, non selon ce qu'elles sont en elles mesmes, mais selon que elles nous paroissent. C'est pourquoy il est assez probable aussi, que ces phrases sont suiettes à la mesme interpretation.

2. Que diuers fameux personnages sont tombez dans de grandes absurditez, pendant qu'ils ont voulu chercher les fondemens de la Philosophie des paroles de l'Escriture : & partant qu'il peut estre dangereux en ce poinct aussi, de s'attacher de si pres à la lettre du texte.

PROPOSITION III.

Que le Sainct Esprit en diuers lieux de l'Escriture, accommode ses expressions à l'erreur de nos imaginations : & parle de diuerses choses non selon ce qu'elles sont en elles mesmes, mais selon qu'elles nous paroissent.

IL n'y a point de chose au monde parquoy la Philosophie ait esté plus endommagée, que l'ignorante superstition de quelques-vns : lesquels en posans l'estat de ses controuerses, s'attachent si estroitement aux pures paroles de l'Escriture. Ce sont les propres termes de Valesius. *Il y a*, dit-il, *quantité de choses dans les liures sacrez qui concernent la nature, que plusieurs estiment denoir estre prises comme si le S. Esprit n'auoit eu aucun dessein de nous expliquer les choses naturelles : mais seulement en les rapportant toutes à nostre salut de nous les proposer selon l'opinion*

a Proem. ad Phil. sacram.

des Philosophes, ou mesme du vulgaire.
Et vn peu apres il continuë ainsi.
Quant à moy, dit-il, Ie suis persuadé que
ces diuins traitez n'ont point esté escrits
par ces saints & inspirez Escriuains pour
l'interpretation de la Philosophie, parce
que Dieu a laissé la descouerte de telles
choses au trauail & à l'industrie des hommes. Mais neantmoins, tout ce qui est
en iceux touchant la nature est tres veritable : comme procedant du Dieu de nature, duquel rien ne pouuoit estre caché.
Et sans doute, toutes les choses que
l'Escriture nous propose touchant
quelque poinct naturel, ne peuuent
estre que tres certaines & infaillibles,
estant prises au sens auquel l'intention premiere a esté de les entendre:
Mais comme nous auons noté cy dessus, l'Escriture parle aussi quelquefois
selon l'opinion commune, plustost
que selon la verité des choses mesmes; & partant le triomphe de [a] Fro.
mondus sur la derniere partie de cette citation, n'est que vaine & friuo-
le. Cette regle que donne vn certain
docte [b] Commentateur, est tres bon-

a Vest.
Tract. 3.
cap. 2.
b Sanctius
in Isa. 13. 5.
Item in Za-
char. lib. 9.
num. 45.

ne à obſeruer en l'interpretation de
l'Eſcriture : *L'Eſcriture ſacrée*, dit-il,
accommode bien ſouuent ſes expreſſions,
non tant à la verité de la choſe meſme,
qu'aux opinions des hommes. Et c'eſt
en ce ſens que ce dire de Gregoire
touchant les images & portraicts eſt
attribué par ᵃ Caluin à l'Hiſtoire de
la Geneſe ; aſſauoir que c'eſt le liure
des Idiots. Car ayant eſté eſcrit pour
les inſtruire auſſi bien que les autres,
il eſtoit requis qu'il vſaſt d'expreſſions
les plus naïfues & plus aiſées. A ce
propos auſſi eſt-ce dire de ᵇ Merſen-
ne : *Il y a mille paſſages de l'Eſcriture*
qui ne ſe doiuent pas interpreter au pied
de la lettre, & ce pour cette raiſon, par-
ce que Dieu s'eſt voulu accommoder à no-
ſtre capacité & ſens : & principalement
és choſes qui regardent la nature, & qui
ſont viſibles. Et c'eſt pourquoy, bien
qu'en ce meſme lieu cet Autheur ſoit
tres violent à l'encontre de Copernic, ſi eſt-ce qu'il conclud que cette
opinion n'eſt pas vne hereſie, *parce*
(dit-il) que ces paſſages de l'Eſcriture
qui ſemblent la combattre, ne ſont pas ſi
euidens,

ᵃ Comm.
in Geneſ.
cap.1.

ᵇ in Geneſ.
1.verſ.10.
art. 6.

Vide Hie-
ro. in Ier.
28. Aqui-
nas in Iob.
26.7.

euidens, qu'ils ne puissent receuoir vne
autre interpretation. Donnant à entendre par là, qu'il est assez vray semblable que ces passages doiuent estre
pris en esgard aux apparences exterieures & à l'opinion commune.
Or l'on peut aisément monstrer
par ces exemples suiuans que cette
façon de parler est ordinaire & frequemment vsitée en beaucoup d'autres endroicts de l'Escriture. Ainsi
quoy que par obseruation infaillible
l'on puisse prouuer que la Lune soit
moindre qu'aucune des Estoilles visibles; si est-ce neantmoins qu'à cause
de son apparence & de l'opinion vulgaire, l'Escriture en comparaison
d'icelles l'appelle vn des grands Lu- *Genes.1.16.*
minaires. Duquel passage, dit Cal- *Psal.136.7.*
uin, Moyse a plustost regardé à nous que
aux Astres, & partant il se sert d'vne
façon de parler populaire, afin que sans
lettres ne doctrine le commun peuple le
peust aisément comprendre. Et en vn
autre endroit: Ce n'a point esté l'inten- *Comment.in*
tion du S. Esprit, dit-il, d'enseigner l'A- *Psal.136.*
strologie: mais d'autant qu'il proposoit

vne doctrine commune, mesme aux plus rudes & idiots, il a parlé par Moyse & par les Prophetes d'vne façon qui fust familiere au commun populaire, afin que nul sous ombre de difficulté ne cherchast des subterfuges pour dire que la doctrine qui est proposée est trop haute et cachée. Ainsi Zachius pareillement, *Quand Moyse (dit-il) appelle la Lune vn des grands luminaires, il a plus particulierement esgard à l'opinion des hommes qu'à la verité de la chose mesme, pource qu'il auoit à faire à des gens qui ordinairement iugent plustost par leurs sens que par leur raison.* Et ne seruira de rien la distinction qu'apportent Fromondus & autres pour esquiuer cette interpretation, quand ils nous parlent de *Magnum Materiale*, qui se rapporte à la grandeur ou quantité du corps, & de *Magnum Formale*, qui emporte la grandeur de sa lumiere. Car nous demeurons d'accord qu'elle nous est reellement vn plus grand luminaire qu'aucune des Estoilles, ou que toutes les Estoilles ensemble: mais neantmoins il n'y a pas vne de ces Estoilles

De operib.
Dei par.2.
l.6.c.1.

qui ne soit en elle mesme vn plus grand luminaire qu'elle. Et partant quand nous disons que ce dire se doit entendre selon ce qu'elle nous paroist, nous n'opposons pas cecy à la reellité; Mais est entendu que cette reellité n'est pas absoluë, ny en la nature de la chose mesme, mais seulement relatiue & à nostre esgard. Ie puis dire qu'vne chandelle est vn plus grand luminaire qu'vne Estoille ou que la Lune, parce qu'elle me l'est ainsi à moy reellement. Toutesfois vn chacun estimera que cela n'est dit seulement qu'eu esgard à ce qu'elle paroist, & non pas qu'il se doiue entendre comme si la chose estoit telle en elle mesme. Mais en passant il importe à Fromondus de maintenir l'autorité de l'Escriture en la reuela-tion des secrets naturels, parce que c'est de là qu'il tire son principal ar-gument pour cette sienne estrange assertion touchant la pesanteur du vent, Où Iob dit que *Dieu mettoit poids au vent.* Ainsi semblablement, d'au-tant que le commun peuple estime

De Meteor. l. 4. c. 2. ar. 5

Iob 28. 25.

ordinairement que la pluye procede
de quelques eaux qui sont dans l'e-
stenduë, c'est pourquoy au regard de
cette opinion erronée, Moyse nous
parle d'eaux au dessus du Firmament,
& des fenestres des Cieux : Dont dit
Caluin, *Ceux aussi s'astreignent à la*
lettre d'vne façon par trop seruile, les-
quels s'imaginent qu'il y ait ie ne sçay
quelle mer aux Cieux : veu que nous sça-
uons que Moyse & les Prophetes, pour
s'accommoder à la capacité des plus rudes,
ont de coustume de parler d'vne façon po-
pulaire: & pourtant ce seroit faire tout au
rebours que de vouloir esplucher ce qu'on
trouue en leurs liures selon la regle de
Philosophie. Permettez-moy d'adiouster à cecy, qu'il y a bien de l'apparence que de cette mesprise est venuë
l'obseruation mal fondée des anciens
Iuifs, lesquels ne vouloient admettre
aucune personne à lire le commencement de la Genese, autant qu'elle eust
attaint l'aage de trente ans. Dont la
vraye raison estoit, non pource que
ce liure là estoit plus obscur ou plus
difficile que les autres : mais pource

que Moyſe accommodant ſes expreſſions aux imaginations vulgaires, &
eux les examinans par de plus exactes
regles de Philoſophie, eſtoient contraints de les tordre & de les forcer
à des allegories eſtranges, & à des
myſteres non naturels.

De meſme auſſi parce que nous
nous imaginons pour la pluſpart que
les Eſtoilles ſont innombrables : c'eſt
pourquoy le S. Eſprit en parle ſouuent eu eſgard à cette opinion là.
Ainſi en Ieremie, *Comme l'armée des* [Ieremie 33. 22.]
Cieux ne ſe peut denombrer, ny le ſablon
de la mer ne ſe peut meſurer, ainſi multi-
plieray-ie la poſterité de Dauïd mon ſer-
uiteur. De meſme quand Dieu vou-
lut conſoler Abraham en la promeſ- [Geneſe 15. 5.]
ſe d'vne poſterité innombrable, il luy
cõmande de regarder vers les Cieux,
& luy dit que ſa poſterité ſeroit ſemblable en nombre à ces Eſtoilles là:
Ce qui ſe doit entendre, dit ᵃCla- [ᵃ In 1. cap. Sphæræ.
uius, ſelõ l'opinion commune du vul- Intelligen-
gaire, qui croit que les Eſtoilles ſont dum eſt ſe-
d'vne infinie multitude, pendantqu'il cundum
les contemple toutes confuſément. cõmunem ſentiam]

dans vne nuict pure & seraine. Et combien que plusieurs de nos Theologiens prennent d'ordinaire ce dire pour vne Hyperbole, si est-ce qu'estant bien consideré, nous trouuerons qu'en peu de generations suiuantes, la posterité d'Abraham estoit en bien plus grand nombre qu'il n'y a d'Estoilles visibles au Firmament : & Dieu sans doute ne parle que de celles-là, puis qu'il commande à Abraham de regarder vers les Cieux.

Or toutes ces Estoilles, mesme des six differentes grandeurs, ne sont suputées estre qu'au nombre de 1022. Il est vray que d'abord regardans les Cieux, il sembleroit incroyable qu'il n'y en eust pas dauantage : mais la raison de cela est, parce qu'elles paroissent esparses & confusément, de sorte que l'œil ne les peut pas arranger en tel ordre que de les pouuoir nombrer, ou en faire vne reueuë distincte. Or c'est vne verité notoire, *Qu'vne pluralité de parties sans ordre, opere plus fortement, parce qu'elle a ressemblance d'infini, & ainsi empesche la*

comprehension. Et puis d'ailleurs, il
apparoist bien souuent beaucoup plus
d'Estoilles qu'il n'y en a veritablement. Car l'œil, à cause de sa foi-
blesse à discerner vne chose à vn si
grand esloignement : comme aussi
parce que ces rais là qui procedent de
ces corps esloignez, d'vne maniere
estincelante & vacilante, & qui par ce
moyen se meslent & se confondent à
leur entrée dans cet organe : il faut
necessairement que l'œil reçoiue plus
de representations qu'il n'y a de vrais
corps. Mais si quelqu'vn veut seulement comparer à loisir les Estoilles
du Ciel auec celles qui se trouuent
marquées és Globes celestes, à peine
en trouuera-il au firmament qui ne
soit marquée dans les Globes. Voire
qui plus est il en pourra remarquer
plusieurs dans les Globes, lesquelles
difficilement pourra-il discerner és
Cieux.

Or ce nombre des Estoilles se di-
stribuë communément en 48. Con-
stellations, en chacune desquelles
quand bien nous supposeriós y auoir

vbi ordó
abest : nam
inducit si-
militudi-
nem infini-
tem, & im-
pedit com-
prehensio-
nem.
*Bacon en sa
Table des
Couleurs,
num. 5.*

dix mille Estoilles, ce qui ne se peut
pas aisément imaginer, si est-ce que
tout ce nombre là n'esgaleroit point
celuy des enfans d'Israël. Voire Clauius affirme que la posterité d'Abraham, en suite de quelque peu de ge-
neratiõs, deuint beaucoup plus nom-
breuse qu'il n'y pouuoit auoir d'E-
stoilles au Firmament, quoy qu'elles
fussent si pres à pres qu'elles se touchassent l'vne l'autre: & le proue
de cette façon. Vn grand cercle au
Firmament (dit-il) contient le diametre d'vne Estoille de la premiere
grandeur 14960. fois. Au diametre
du Firmament est contenu 4760. dia-
metres d'vne telle Estoille. Or si nous
multipliõs cette circonference par ce
diametre, le produit sera 71209600.
qui est le nombre entier des Estoilles
que la huictiéme Sphere contiendroit
selon les principes de Ptolomée, si elles estoient si pres à pres qu'elles se
touchassent l'vne l'autre.

Les enfans d'Israël à leur sortie
d'Egypte furent denombrez estre
603550. de ceux qui estoient aagez
de vingt

de vingt ans & au deſſus, & qui pouuoient aller à la guerre; outre les enfans & les femmes, & les jeunes gens,
& les vieillards, & les Leuites, leſquels vray ſemblablement triploient
touſiours l'autre nombre. Or s'ils ſe
trouuerent en ſi grand nõbre en vne
ſeule fois, nous pouuons bien penſer
qu'en toutes ces diuerſes generations
tant precedentes que ſuiuantes, le
nombre s'accreut grandement; &
long-temps auãt ce temps cy ſurpaſ-
ſoit de beaucoup cette ſuppoſée multitude des Eſtoilles. De toutes leſquelles choſes nous pouuons inferer,
que les expreſſions de l'Eſcriture, qui
ſont de cette nature, ſe doiuent entendre ſelon les apparences & ſelon
l'opinion vulgaire.

Vn autre paſſage qu'on allegue ordinairement à ce propos, pour mon-
ſtrer que le S. Eſprit ne parle pas exactement touhant les ſecrets naturels,
eſt celuy là des Roys & des Chroni- 1. Rois 7.2
ques, lequel nous fait mention de la 2. Cron. 4.2
meſure de la mer de fonte de Salo-
mon, dont le diametre eſtoit de dix

I

coudées, & sa circonference de trente. Là où à parler Geometriquement,
la plus exacte proportiõ entre le diametre & la circonference n'est pas
comme de dix à trente, mais plustost
comme de sept à vingt deux.

Mais à l'encontre de cecy nos [a] aduersaires obiectent.

a Rosf. lib. 1.sect.1.c. 8.

1. Que cette mer là n'estoit pas parfaitement ronde, mais enclinoit plustost à vne forme demi-circulaire,
ainsi que l'affirme [b] Iosephe.

b Antiq. Iud.lib.8. c. 2.

A quoy ie respond, Que quand
bien cela seroit, si est-ce que tant s'en
faut qu'ils en peussent tirer aduantage, qu'au contraire, cela rendroit la
chose beaucoup pire : car alors la disproportion en sera d'autant plus
grande.

Mais en second lieu, l'Escriture,
qu'on doit plustost croire que Iosephe, nous dit en termes expres, qu'elle estoit ronde tout à l'entour, *1. des
Rois 7. 23.*

2. Ils objectent en second lieu, que
la proportion du diametre à la circonference n'est pas precisément la

*a. Obje-
ction.
Rosf. ibid.*

mesme, comme de sept à vingt deux, mais plustost moindre. Ie respond, qu'encore que cela soit, si en approche-t'elle plus qu'aucun autre nombre.

3. L'Escriture (disent-ils encor) selon sa coustume ordinaire supprime le moindre nombre, & mentionne seulement le plus grand & le plus entier. Ainsi en quelques [a] endroits de l'Escriture, il est dit que la Posterité d'Abraham habitera en la terre d'Egypte par quatre cents ans ; là où neantmoins en d'autres passages, il nous est dit [b] qu'ils y tarderent trente ans dauantage. Ainsi en vn certain [c] passage il est dit que toutes les personnes de la maison de Iacob qui descendirent en Egypte, furent septante; là où en vn autre [d] endroit ils sont dits estre septante cinq.

Ie respond, que tant s'en faut que toutes ces choses puissent destruire ou eneruer la force du present argument, qu'au contraire elles le confirment, & nous tesmoignent plus clairement, que l'Escriture ne parle pas

---

Ibidem, 3. Objection.

[a] Gen. 15. 13. Actes 7. 6.

[b] Exode 12. 41. Galat. 3. 17. [c] Genese 46. 27.

[d] Actes 7. 14.

exactement non seulement en ces
poincts les plus subtils & plus secrets
de la Philosophie : mais mesme qu'en
l'enumeration ordinaire des choses,
elle se conforme à l'vsage commun,
& bien souuent se sert du nombre
rond pour le nombre entier.

4 Fromondus objecte encore &
a dit, Que nous n'auons pas de raison
de nous attendre que le S. Esprit nous
reuelast ce secret en la Nature ; puis
que ni Archimede, ni aucun autre ne
l'auoit pas encore alors descouuert.
A quoy ie respond ; & pourquoy donc
croirions-nous qu'il fallust que l'Escriture nous informast du mouuement de la Terre, veu que ni Pythagore, ni Copernic, ni aucun autre
ne l'auoit pas encor' alors découuert?

5. Nos aduersaires disent encore,
qu'en prenant ou mesurant le tour de
ce vaisseau, on le mesuroit par vn peu
plus bas que le bord, où il estoit plus
estroit qu'au coupeau, & ainsi la circonference y pouuoit estre exactement de trente coudées seulement,
dont le diametre estoit de dix.

Ie respond : qu'il est euident que ce n'est là qu'vne pure euasion, n'y ayant fondement quelconque de cela dans le texte. Et puis d'ailleurs, pourquoy ne pouuons-nous pas affirmer que le diametre se mesuroit de ce mesme lieu là , aussi bien que la circonference ? Puis qu'il est vray semblable que le S. Esprit parloit *ad idem,* & non pas nous dire la largeur d'vn endroit, & le circuit d'vn autre. Tellement que tous les subterfuges dont vsent nos aduersaires ne sçauroient euiter la force de l'argument qui est pris de l'Escriture.

De plus, le commun peuple ordinairement s'imagine que la Terre est vne telle plaine, qu'en ces extrémitez elle ioint les Cieux, en sorte que si vn homme y estoit il les pourroit toucher de la main. Et de là aussi s'imaginent-ils que la raison pourquoy quelques pays sont plus chauds que les autres , est pource qu'ils sont plus pres du Soleil. Voire Strabon nous parle de quelques Philosophes mesmes , lesquels en ce poinct ont aussi

erré groſſierement : affirmans qu'il y
auoit vn certain lieu aux extrémitez
de la Luſitanie, d'où l'on pouuoit entendre le bruit que fait le Soleil lors
qu'il eſteint ſes rayons quand il deſ-
cend dans l'Ocean. Et bien que ce
ſoit là vne abſurde erreur, ſi pouuons
nous remarquer qu'il a pleu au S. Eſprit en l'expreſſion de ces choſes, de
ſe conformer à cette fauſſe & vulgaire imagination : & c'eſt pourquoy il
parle ſouuent des ᵃ *bouts des Cieux*, &
des ᵇ *bouts du monde*. C'eſt en ce ſens
que ceux qui viennent de quelque
pays lointain, ſont dits venir *du bout
des Cieux*, Eſaye 13. 5. Et en vn autre
endroit, *du coſté des Cieux*, Deuteronome 4. 32. Toutes leſquelles phraſes ou façons de parler, ſont clairement alluſion à l'erreur des capaci-
tez vulgaires, dit ᶜ Sanctius, leſquels
ſont par là mieux inſtruits qu'ils ne
ſeroient par des expreſſions plus propres.

Ainſi pareillement, d'autant que le
commun peuple ne ſçauroit pas bien
comprendre comment vn ſi grand

ᵃPſal. 19, 6.
Matth. 24.
31.
ᵇ Pſal. 22.
27. &c.

ᶜ Commēt.
in Iſa. 13. 5.

poids comme est la Mer & la Terre
seroit suspendu en l'Air sans estre
fondé sur quelque Base pour le sou-
stenir : c'est pourquoy en cette consideration aussi l'Escriture s'accommode à l'opinion de ces gens, où souuent
elle fait mention des *fondemens de la* Iob. 38. 4.
Terre. Laquelle façon de parler , pri- Psal. 102.
se à la lettre, fait manifestement allu- 25.
sion aux imaginations des hommes.

De mesme aussi le commun peuple s'imagine ordinairement que la
Terre est sur les Eaux ; parce que
quand en voyageant ils ont esté aussi auant qu'ils sçauroient aller sur
terre, ils sont en fin arrestez par la
mer. C'est pourquoy en cet esgard
l'Escriture affirme, *Que Dieu a esten-* Psal. 136. 6
du la terre sur les mers, & la establie Psal. 24. 2.
sur les fleuues. Desquels passages,
dit Caluin, *Dauid ne dispute pas icy*
à la façon des Philosophes de la situa-
tion de la Terre quand il dit qu'elle
a esté fondée sur la mer ; mais parlant
vulgairement il s'accommode à la capaci-
té des rudes , toutefois cette maniere de
parler n'est pas sans raison, laquelle est

prife de ce qu'on peut iuger à l'œil.

En ce mefme fens auffi deuons nous entendre tous ces paffages de l'Efcriture, où les bouts ou quartiers des Cieux font denommez des relations de *Deuant, Derriere, Droicte, ou Seneftre.* Ce qui n'infere pas (dit Scaliger) vne telle difference abfoluë en tels lieux, mais eft dit purement eu efgard à l'imagination des hommes, & à l'opinion commune de ces peuples pour lefquels l'Efcriture auoit efté premierement efcrite. Ainfi donc pource que c'eftoit l'opinion des Rabbins que l'homme auoit efté creé la face vers l'Orient; c'eft pourquoy le mot Hebreu קדם fignifie deuant, où l'Orient; אחור, derriere, ou l'Occident: ימין, la dextre, ou le Midy: שמאל, la Seneftre, ou le Septemtrion. Vous les pouuez voir tous enfemble en ce paffage de Iob. *Voila, Ie vay en auant, & il n'y eft pas, & en arriere, mais ie ne l'y peux appercevoir; à gauche où il trauaille, mais ie ne l'y voy point encores. Il fe cache à droicte, & ie ne l'y voy point.* Lefquelles expreffions

font

font rapportées par quelques Interpretes aux quatre quartiers des Cieux selon l'vsage commun de ces mots primitifs. De là vient que plusieurs des Anciens ont conclu que l'Enfer estoit au Nort, qui est signifié par la senestre: où Nostre Sauueur nous dit que serót mis les boucs. Cette opinió pareillement semble estre fauorisée par ce passage de Iob, où il est dit que *l'Enfer est nud deuant Dieu , & que le gouffre n'a point de couuerture.* Et incontinent apres est adiousté, *Il a estendu l'Aquilon sur le vuide.* Sur ces fondemens là S. Ierosme interprete ce dire de l'Ecclesiaste 11. 3. *Si vu arbre tombe vers Midy, ou vers Septentrion, au lieu auquel il sera tombé, il y sera:* estre dit touchant ceux qui iront ou en Paradis ou en enfer. Et en ce mesme sens aussi quelques vns exposent ce passage de Zacharie 14.4. Où il est dit que *la montagne des Oliuiers sera fenduë par le milieu, & que la moitié de la montagne tirera vers Aquilon, & l'autre moitié d'icelle vers Midy.* Par lequel est signifié qu'entre les Gentils qui s'arrogeront

K

la profession de Christ, il y en a de
deux sortes ; les vns qui vont vers le
Nort, c'est à dire en enfer : & les autres vers Midy, c'est à dire au Ciel.
Et c'est la raison pourquoy (disent-
ils) Dieu a menace si souuent de faire
venir le mal d'Aquilon : & c'est sur
ce mesme fondement aussi (dit b Be-
soldus) qu'il n'y a point de Religion
qui adore vers ce costé là. Nous lisons
que les Mahometans adorent vers le
Midy ; les Iuifs vers l'Occident : les
Chrestiens vers l'Orient, mais nous
ne lisons de pas vne nation qui adore
vers le Nort.

Mais cela soit dit seulement en passant. Quoy qu'il en soit, il est certain
que le S. Esprit descrit frequemment
en l'Escriture les diuers quartiers des
Cieux par ces termes relatifs de Dextre & de Senestre, lesquelles expressions ne denotent pas aucune difference intrinseque entre ces lieux-là,
mais sont plustost accommodées à
l'intelligence de ceux de la fantasie
desquels vient que telles denominations leur ont esté données. Et com-

a Ieremie
1.14. item
c.4.6.& 6.1
b Lib. de
nat. pop.
cap.4.

bien qu'Ariſtote concluë ces diuerſes
poſitions és Cieux eſtre naturelles: ſi
eſt-ce que ſon authorité en ce poinct
n'eſt pas valable, parce qu'il l'eſtablit
ſur vn mauuais fondement ou principe, en ſuppoſant que les Orbes celeſtes ſont des creatures animées, & aſ-
ſiſtées des intelligences. Nous pouuons remarquer que le vray ſens de
ces bouts ou quartiers, par ces mots
relatifs de main droite ou de main
gauche, eſt ſi eſloigné d'auoir aucun fondement en la nature de ces
lieux diuers, qu'au contraire ils ne
leur ſont pas ſeulement diuerſement
appliquez par diuerſes Religions,
comme il a eſté dit cy deſſus, mais
auſſi par diuers Arts, & par diuerſes
Profeſſions.   Comme par exemple,
d'autant que les Aſtrologues font
leurs obſeruations vers les parties
Meridionales de l'horiſon, où il y a le
plus d'Eſtoilles qui ſe leuent & qui ſe
couchent: c'eſt pourquoy ils content
l'Occident eſtre à leur main droite, &
l'Orient à leur gauche. Les Coſmo-
graphes prenans la latitude des lieux,

De cœlo
li. 2. c. 2.

K ij

& contans leurs diuers climats, doiuent regarder vers le Pole du Nort; & partant selon leur phrase est entendu par la main droite l'Orient, & par la gauche l'Occident. Et c'est ainsi, dit a Plutarque, que nous deuons entendre ces expressions dans Pythagore, Platon, & Aristote. Les Poëtes content le Midy estreà la gauche, & le Nort à la droite. Ainsi Lucain b parlant des Arabes venans en Thessalie, dit :

Arabes ignorans vous adressez vos pas
Vers un monde nouueau où vous ne trouuez pas
Les ombres à main gauche, & cherchez à redire,
Par cette difference aux loix de nostre Empire.

Les augures prenans leurs obseruations à l'Orient, content le Midy estre à leur main droite, & le Nort à la gauche : Tellement que ces denominations là n'ont aucun fondement reel en la nature des choses, mais leur sont imposez par la phrase de l'Escriture, eu esgard à l'estime & opinion

a De Placit. Philos. l. 2. c. 10.

b Lib. 3.

Ignotum vobis Arabes venistis in orbem: Vmbras mirati nemorum, nõ tresinistras.

qu'en auoient les Iuifs.

De mesme aussi, parce qu'autrefois c'estoit vne chose generalement re-ceuë, que le cœur estoit le principal siege des facultez : c'est pourquoy le S. Esprit en diuers endroits de l'Es-criture, s'accommode à cette maxime commune ; & attribuë au cœur de l'homme,a Sapience & entendement. Au lieu qu'à parler proprement, & selon la verité, la raison & les facul-tez raisonnables ont leur principale residence en la teste, dit Galien & Hypocrate, auec l'vniuersalité de nos Medecins modernes, parce qu'elles sont empeschées en leurs operations par l'intemperie de cette partie là, & sont reparées par les remedes & me-dicamens qui y sont appliquez.

Ainsi nous faut-il entendre tous ces autres passages ; Esaye 59. 5. où quelques versions lisent, *Oua aspidum ruperunt*, ils ont rompu les œufs de la Vipere ; faisant allusion à ce conte commun, mais fabuleux, de la Vi-pere, laquelle se fait passage au tra-uers des entrailles de la femelle. Ainsi

Dr Hotto-vvel. Apol, lib. 1. c.1. sect. 2.

a Prou. 8. 5. 10. 8. Ecclef. 1. 13 16. 17. & 8. 1.

le Pſeaume 58. 4. 5. où le Prophete parle de l'Aſpic ſourd *qui eſtouppe ſon oreille contrela voix du charmeur.* Leſquelles deux narrations (ſi nous pouuons adjouſter foy à diuers Naturaliſtes) ſont auſſi fauſſes que communes: & neantmoins, d'autant qu'en ces temps là c'eſtoit vne choſe generalement receuë, c'eſt pourquoy le S. Eſprit daigne y faire alluſion dans les Sainꝯts cahiers. Fromondus s'abuſe groſſierement, quand en reſponſe à ces paſſages icy il eſt contraint de dire qu'on ne s'en ſert que prouerbialement, & que poſitiuement ils ne concluent rien. Car quand Dauid eſcrit ces paroles: *Ils ſont comme l'Aſpic ſourd qui bouche ſes oreilles, &c.* Cette affirmation s'en infere manifeſtement, à ſçauoir, que l'Aſpic ſourd bouche ſes oreilles contre la voix du charmeur; ce qui n'eſtant pas veritable à la lettre, comme il a eſté dit cy deſſus; il s'enfuit dõc vray ſemblablement que cette affirmation ſe doit interpreter au meſme ſens auquel elle eſt icy alleguée.

En cet esgard aussi deuons nous entendre ces autres expressions. *Le froid
sort du Nort*, Iob 37. 9. Item , *Le beau
temps vient du Nort*, verset 22. Ainsi
verset 17. *Tes vestemens sont chauds,
quand il baille relasche à la terre par le
vent du Midy.* Et Prouerbes 25. 23. *Le
vent de bise dechasse la pluye.* Lesquelles façons de parler ne contiennent
pas en elles aucune verité generale
absoluë, mais se peuuent seulement
verifier entant qu'elles se rapportent
à diuers Climats. Et bien qu'à nous
qui habitons au costé de deçà de la ligne le vent du Nort est le plus froid
& le plus sec; & au contraire le vent
de Midy humide & chaud, à raison
qu'en l'vn de ces lieux il y a vne plus
forte chaleur du Soleil pour exhaler
les vapeurs humides qu'il n'y a en
l'autre : si en est-il tout autrement
aux habitans qui sont au delà de
l'autre Tropiqne, car là le vent du
Nort est le plus chaud & humide,
& celuy de Midy plus froid & sec.
Tellement que chez eux ces passages
de l'Escriture ne se peuuent pas pro-

prement affirmer, aſſauoir que *le froid ou le beau temps ſort du Nort*: mais pluſtoſt le contraire. Toutes leſquelles choſes ne derogent pourtant pas en la moindre façon du monde à la verité de ces propos, ny à la toute-ſcience de celuy qui parle; mais pluſtoſt monſtrent la Sageſſe & la Bonté du S. Eſprit, qui daigne ainſi conforme ſon langage à la capacité de ces peuples à qui ces diſcours furent premierement adreſſez. En ce meſme ſens deuons nous entendre tous ces paſſages où il eſt dit que les *luminaires des Cieux* ſeront obſcurcis, & que *les Eſtoilles & les Aſtres ne rendront aucune clarté*, Eſaye 13. 10. Non pas comme ſi elles eſtoient en elles meſmes abſoluëment priuées de leur lumiere: mais parce qu'elles nous paroiſtront telles. Et partant en vn autre paſſage correſpondant à ceux-cy, Dieu dit *qu'il couurira les Cieux*, & ainſi rendra les Eſtoilles d'iceux tenebreuſes, Ezechiel 32. 7. Ce qui monſtre que elles ne ſeront pas priuées de leur clarté (comme ces autres paſſages le

ſemblent

(marginal note:) Ioël. 2. 31. Item chap. 3. 15.

semblent inferer) mais nous.

C'est encore en cét esgard qu'il faut prendre ces autres expressions, où il est dit, que la *Lune rougira, & le Soleil sera honteux*, Esaye 24. 23. *Qu'ils se-ront tournez en sang*, Actes des Apo-stres 2. 20. Non pas que ces choses soient ainsi en elles-mesmes, dit S. Ie-rosme, mais parce qu'elles nous le sembleront estre. De mesme en Saint Marc 13. 25. *Les Estoilles du Ciel che-ront*, c'est à dire, seront aussi entiere-ment cachées de nostre veuë, que si elles estoient tombées hors de leur lieu accoustumé. Ou si cela s'entend de leur cheute reelle, comme il y a quelque apparence par ce passage de l'Apocalypse, 6. 13. *Et les Estoilles du Ciel tomberont sur la terre, comme le fi-guier jette çà & là ses figons estant se-coüé par vn grand vent:* alors se doit-il interpreter non de celles qui sont vrayes Estoilles, mais de celles qui nous le semblent estre : faisant allu-sion à l'opinion du peuple vulgaire & ignorant, dit ª Sanctius, qui croit que les Meteores sont des Estoilles. Et

Comment. in Ioel. cap. 3.

a Comer. in Isai. 13.

L

a Commēt. in Genes. c. 3. vers.10. art. 6.

a Mersenne parlant de ce mesme passage de l'Escriture, dit que *les Interpretes n'entendent pas cecy en aucune façon des vrayes Estoilles, mais des Comtes & autres Meteores ignez.* Combien que la cheute de ceux-cy soit vn euenement naturel, si peut-elle estre estimée vn estrange prodige, aussi bien qu'vn tremblement de terre, & que l'obscurcissement du Soleil & de la Lune dont il est fait mention au precedent verset.

En ce mesme esgard, l'Escriture parle de quelques effets naturels & communs, comme si leurs vrayes causes estoient tout à fait inscrutables & impossibles à trouuer; parce qu'elles estoient generalement estimées telles du vulgaire. Ainsi parlant du vent, il est b dit, *Que nul ne sçait d'où il vient, ne où il va.* En vn autre endroit c Dieu est dit *tirer le vent hors de ses thresors;* & ailleurs il est appellé d *le souffle de Dieu:* Et ainsi pareillement du Tonnerre, touchant lequel e Iob propose cette question; *Qui est-ce qui comprendra le Tonnerre de sa puissance?* & pour-

b S. Iean 3. 8.
c Ieremie 10.13. Item chap. 51. 16.
d Iob 37. 10.
נשׁם
e Iob 26. 14.

tant aussi Dauid l'appelle-il souuent *la voix de Dieu.* Tous lesquels passages semblent inferer que la cause de ces choses là ne se pouuoit découurir, laquelle toutesfois les Philosophes plus modernes pretendent sçauoir & connoistre. De sorte que selon leur vraye interpretation, ces phrases se doiuent entendre eu esgard à l'ignorance de ceux ausquels ces propos estoient immediatement adressez.

C'est pour cette mesme raison, qu'encore qu'en la Nature il y ait plusieurs autres causes des Sources & des Riuieres que la Mer : Toutesfois Salomon, qui estoit grãd Philosophe, & qui peut-estre ne les ignoroit pas, ne fait point pourtant mentiõ que de celle-ci seulement, parce que plus aparéte, & plus aisément comprise du vulgaire. A tous ces passages de l'Escriture, Ie pourrois encore adjouster celuy d'Amos, 5. 8. qui parle de l'Astre ou constellation communément appellée les Sept Estoilles ou Poussinieres. Bien que par les dernieres découuertes on a trouué qu'il n'y en a

L ij

a Psal. 29.
3. 4. &c.

Eccles. 1. 7.

Iob 9. 9.
Item 38. 31.

que six que l'on puisse discerner à
l'œil, comme il appert par la lunette
de Galilée : La septiéme n'estant que
vne mesprise de la veuë, naissante de
leur trop grande proximité : & si
quelqu'vn veut essayer en vne nuict
seraine & pure de les nombrer distin-
ctement, il trouuera que quelquesfois
il n'en apparoistra que six, & quelques autresfois dauantage.

Il est vray que le mot originel Hebreu de ce passage כימה, n'emporte
pas necessairement vn tel nombre arresté en sa signification ; mais neantmoins nostre version là traduit *les sept
Estoilles*. Et quand mesme le mot Hebreu le porteroit expressément, il auroit dit assez vray, parce qu'ordinairement on les estime estre de ce nombre là. Et quand mesme il auroit esté
dit, *Il a fait les sept Estoilles & l'Orion*,
nous eussions peu aisément entendre
ainsi ces paroles : il a fait ces Constel-
lations qui communément nous sont
connuës sous ces noms là.

De tous ces diuers passages il appert manifestement, que c'est vne

couſtume ordinaire au S. Eſprit de parler des choſes naturelles pluſtoſt ſelon qu'elles nous paroiſſent & ſelon l'opinion commune, que ſelon la verité meſme. Or il eſt clair & euident, & nos aduerſaires meſmes le a confeſſent, que ſi le monde euſt eſté formé ſelon le Syſteme de Copernic. Il ſeroit arriué que le commun peuple auroit parlé du mouuement du Soleil, & de la ſtabilité de la terre comme l'on fait auiourd'huy.

Parquoy il eſt aſſez probable que telles ſortes d'expreſſions en l'Eſcriture, ſe doiuent entendre ſeulement eu eſgard aux apparences exterieures, & à l'opinion vulgaire.

a Fromond. Antar. c. 6. futurum eſſet vt vulgus, de Solis motu & Terræ ſtatu pro inde vt nunc loqueretur.

PROPOSITION IV.

*Que diuers doctes personnages sont tom-
bez dans de grandes absurditez, pendant qu'ils ont voulu rechercher & tirer les fondemens de la Philosophie, des
paroles de l'Escriture.*

C'A esté vne ancienne & commune opinion parmi les Iuifs,
que la Loy de Moyse contenoit non seulement toutes les choses
qui concernent nostre Religion &
nostre Obeyssance, mais aussi chaque
mystere ou secret qui se pourroit descouurir ou connoistre cy apres en
quelque Art ou Science que ce soit:
De sorte qu'il n'y a demonstration en
Geometrie, ny regle en Arithmeti-
que, ny secret en aucun mestier, qui
ne se puisse trouuer dans le Penta-
teuch. C'est de là (disent-ils) que Salomon puisa toute sa Sapiéce & Prudence. C'est de là qu'il tira toute sa

Schickard.
Bechin.
Haperu.
Disp. 5.
num. 8.

connoissance touchant la nature des
vegetaux, depuis le Cedre du Liban
iusqu'à l'hysope qui croist sur les murailles. Voire ils estimoient que de là
on pouuoit apprendre l'Art de faire
des Miracles, transporter les montagnes, & ressusciter les morts. Tant
les plus sçauans de cette Nation là
ont esté infactuez, depuis que leur
propre malediction est tombée sur
leurs testes.

Et est à peu prez semblable à cette
sotte superstition, la coustume de plusieurs Artisans parmy nous, lesquels
apres auoir inuenté quelque nouueau
secret, trouuent incontinent quelque
texte obscur de l'Escriture pour le
luy attribuer : comme si le S. Esprit
deuoit prendre connoissance de chaque chose particuliere que leur fantasie partiale & desreglée sur-estime
& met à trop haut prix.

Ceux là ne sont pas non plus beaucoup moins coupables de cette faute,
lesquels cherchent apres quelques secrets naturels des paroles de l'Escriture, ou qui veulent examiner toutes

ses expressions par les exactes regles
de la Philosophie.

A quelles absurditez estranges cette fausse imagination à exposé les plus
sçauans Iuifs : cela se peut voir par
quantité d'exemples. Ie n'en feray
mention que de peu. De là vient que
ils prouuent que l'os de la iambe
d'Og le geant, estoit de plus de trois
lieuës de longueur : Ou bien, ce qui
est vn recit vn peu plus modeste, que
Moyse estant de quatorze couldées
de stature, ayant en sa main vne lan-
ce de dix aulnes de longueur & sautant dix couldées en haut, ne luy pouuoit atteindre qu'à la cheuille du
pied. Toutes lesquelles choses ils
vous sçauent confirmer par vne interpretation Cabalistique de ceste histoire, ainsi qu'elle est couchée dans
l'Escriture. De là vient qu'ils nous
parlent de tous ces estranges animaux qu'on verra à la venuë du Mes-
sie ; comme premierement le bœuf,
que Iob appelle Behemoth, qui par
chaque iour deuore l'herbe sur mille
montagnes, ainsi que vous le pouuez
voir

voir dans le ᵃ Pseaume où Dauid fait
mention du bestail, ou mõna sur mille montagnes. Que si vous demandez
comment fait cet animal pour trouuer assez de pasture. Ils respondent
qu'il se tient constamment en vn lieu,
où il croist autant d'herbe la nuict,
qu'il y en a eu de mangée le iour.

Ils nous parlent aussi d'vn certain
oyseau qui estoit si grand, qu'ayant
par hazard fait choir hors de son nid
vn de ses œufs, cet œuf abbattit trois
cens des plus hauts cedres par sa
cheute, & n'y eut pas moins de soixante villages submergez. Comme
aussi d'vne Grenoüille aussi grande
qu'vne Bourgade capable de soixante
maisons : laquelle grenoüille, nonobstant sa grandeur, fut deuorée par vn
Serpent, & ce Serpent par vne Cor-
neille, laquelle s'enuolant au haut
d'vn arbre eclipsa le Soleil, & remplit
tout le monde de tenebres. Par ce
conte vous pouuez iuger quel gentil
petit scion deuoit estre cét arbre là.
Que si vous voulez sçauoir le nom
propre de cét oiseau, vous le pouuez

M

ᵃ Psal. 50.
20.

voir au Pseau. 50. 11. où il est appellé
יוו, ou selon nostre version, l'oiseau
des Montagnes. Il semble qu'il estoit
sans doute quelque peu parent à cét
autre oiseau, dont ils nous disent que
les jambes estoient si longues, qu'elles
atteignoient iusqu'au fond de cette
mer là, où la teste d'vne hache auoit
esté sept ans à tomber auant que de
paruenir au fond.

Il se fait plusieurs autres recits con-
tenans des absurditez si horribles,
qu'on ne pourroit pas bien conceuoir qu'ils peussent proceder de creatures raisonnables. Et tout cela nais-
sant de ce mauuais principe qu'ils
auoient : Que l'Escriture contenoit en
soy exactement toutes sortes de veritez ; & que tout sens qui à la lettre, ou
qui par interpretations cabalistiques
s'en pouuoit tirer, estoit veritable.

Or comme il en a esté de ces gens
icy, ainsi en est-il arriué à d'autres à
proportion, qui pour s'estre attachez
par trop superstitieusement aux pures
paroles de l'Escriture, se sont expo-
sez à beaucoup d'estranges erreurs.

Vide Para-
phr. Chald.

Ainſi S. Baſile [a] tenoit, Qu'apres le Soleil, la Lune eſtoit plus grande que aucune des Eſtoilles, parce que Moyſe appelle ceux là ſeulement deux grands luminaires.

Ainſi d'autres ſouſtiennent qu'il y a des eaux proprement ainſi dites au deſſus du Firmament eſtoillé, à cauſe de ces expreſſiós vulgaires dans l'Eſcriture, qui au ſens literal en font mention. De cette opinion eſtoient pluſieurs Anciens, comme Philon & Ioſephe: & depuis eux les Peres, comme [b] Iuſtin Martyr, [c] Theodoret, [d] S. Auguſtin, [e] S. Ambroiſe, [f] S. Baſile, & preſque tous les autres Peres. Et apres eux diuers autres ſçauans hommes, comme Beda, Strabus, Damaſcene, Thomas d'Aquin, & autres. Que ſi vous demandez à qu'elle fin ces eaux ont eſté placées là; Iuſtin martyr nous dit que ç'a eſté pour ces deux fins. Premierement, pour rafreſchir ou temperer l'ardeur qui autrement pourroit prouenir du mouuement des Orbes ſolides : & de là vient, dit il, que Saturne eſt plus froid que nulle

M ij

[a] Enarrat. in Geneſ.

[b] Reſp. ad queſt. 93. Orth.

[c] Queſt. 11. ſub Geneſ.

[d] De Ciuit. Dei l. 11. c. vlt.

[e] Hexam. l. 2. c. 2.

[f] Homil. 3. in Geneſ.

des autres Planettes. Secondement,
pour preſſer & reſſerrer les Cieux,
de peur que par la frequence & violence des vents ils ne vinſſent à ſe deſ-
rompre & à s'eſparpiller les vns d'a-
uec les autres. Laquelle opinion auec
ſes deux raiſons, ſont eſtimées à preſent & abſurdes & ridicules.

a **a** Sainct Auguſtin conclud que les
Eſtoilles viſibles ſont innombrables,
parce que les phraſes de l'Eſcriture
ſemblent en ſignifier autant.

Que les Cieux ne ſont point ronds,
ç'a eſté l'opinion de **b** Iuſtin martyr,
Sainct **c** Ambrioſe, S. **d** Chryſoſtome,
e Theodoret, & **f** Theophilact, &
g S. Auguſtin, & diuers autres en ont
douté. Voire S. Chryſoſtome s'en tenoit ſi aſſeuré, qu'il propoſe la queſtion d'vne façon triomphante en ces
mots: *Où ſont ces gens* (dit-il) *qui*
peuuent prouuer que les Cieux ſont de
forme ronde? La raiſon de cela eſt,
Parce qu'il eſt dit en vn endroit de
l'Eſcriture, *Que Dieu a eſtendu les*
Cieux comme vne courtine, Pſeaume
104. 2. *& les a eſtendus comme vne*

a DeCiuit.
Dei.

b Reſp. ad
queſt. 93.
c Hexam. l.
1. c. 6.
d Homil.
14. ad Epiſt
ad Heb.
e In cap. 8.
Hebr.
f In idē ca.
g In Geneſ.
ad lit. l. 1.
c. 9.
Item l. 2.
c. 6.

tente pour y habiter, Esaye 40. 22. Et
ainsi en l'Epistre aux Hebreux * ils
sont appellez *Tente ou Tabernacle* : Laquelle tente ou tabernacle n'estant
pas Spherique, ils concluoyent aussi
que les Cieux ne le sont pas : Là où à
present le contraire est aussi euident,
qu'aucune demonstration le puisse
faire voir. Et pourtant * S. Ierosme
en son temps parlant de cette erreur,
luy donne cette rude censure: * *C'est
vne grande impertinence dans l'Eglise,
si quelqu'vn, pour ne pas bien entendre
les paroles du Prophete Esaye, pense que
le Ciel est en façon de voûte, & non pas
tout a fait rond.*

C'a esté encore l'opinion de a S. Ba-
sile, b S. Chrysostome, c Theodoret,
d S. Ambroise, & e Nazianzene ; &
depuis eux f Thomas d'Aquin, g Lu-
ther, h Caluin, i Marlorat, & diuers
autres, que de ce que les Mers n'inon-
dent point la terre est vn miracle. Ce
qu'ils prouuoient de ces expressions
icy de l'Escriture, Iob 38. 8. 10. 11.
*Qui est-ce qui a fermé la mer auec des
portes quand elle fut tirée de la matrice;*

& en sortit : & decretay sur icelle mon
ordonnance, & luy mi des barrieres &
des clostures, & di, Tu viendras iusques
là, & ne passeras point plus outre, & icy
s'arrestera l'orgueil de tes ondes? Ainsi
Prouer. 8. 29. *Dieu donna à la mer son
ordonnance, à ce que les eaux n'outrepas-
sassent point le bord d'icelle.* Et Ieremie,
5. 22. *I'ay mis le sablon pour borne de la
mer par ordonnance perpetuelle, & qu'i-
celle ne passera point: & quoy que les vagues d'icelle s'esmeuuent, si ne seront-el-
les pas les plus fortes ; quoy qu'elles
bruyent, si ne les pourront-elles outre-
passer.* Dans tous lesquels passages,
disent-ils, est inferé que si l'eau n'e-
stoit retenuë de son inclination naturelle par vne plus speciale prouidence de Dieu, elle se desborderoit
& inonderoit toute la terre.

D'autres inferent la mesme conclu-
Eccles. 1. 7. sion de ce passage de l'Ecclesiaste, où
les riuieres sont dites venir de la mer,
ce qu'elles ne pourroient faire, disent
ils, si la mer n'estoit plus haute que
la terre. A cela ie respond: qu'ils deuoient aussi bien considerer la der-

niere partie de ce passage, qui dit que *les fleuues retournent au lieu dont ils estoient partis* , & alors la force de cette consequence s'esuanoüira. A ce mesme propos quelques vns alleguent ce discours de nostre Seigneur, où il dit à S. Pierre, *Mene en pleine eau :* il y au Latin, *in altum ;* d'où ils recueillent que la mer est plus haute que la Terre. Mais cela ressent tant l'ignorance Monachale, qu'elle merite plustost qu'on s'en rie, que d'y faire aucune responce.

   Mais si noüs considerons les proprietez de cet element là selon les regles de la Philosophie : nous trouuerons que tant s'en faut que de ce qu'il n'inonde point la terre soit vn miracle, qu'au contraire c'est vne consequence necessaire de sa nature, & seroit plustost vn miracle s'il en estoit autrement, comme au deluge vniuersel. La raison est, parce qu'il faut necessairement que l'eau d'elle-mesme descende au plus bas lieu : ce qu'elle ne peut faire, si elle n'est recueillie en forme spherique, comme

S. Luc. 5. 4.
Εἰς τὸ βά-
θος.

vous le pouuez voir clairement en
cette figure.

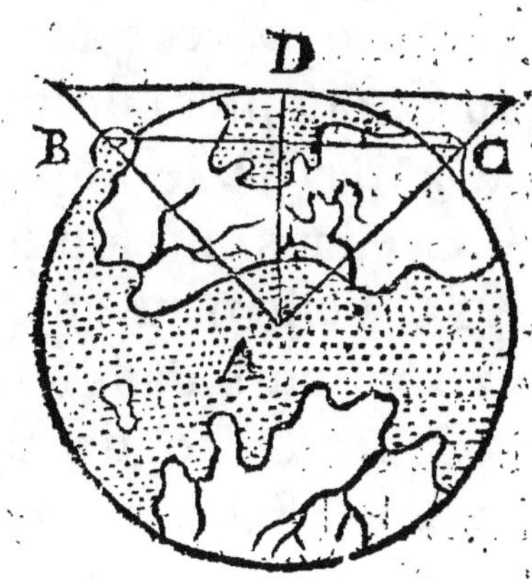

Où la Mer D. peut sembler plus
haute que la montagne B. ou C. parce que son esleuation au milieu inter-
cepte tellement nostre veuë de l'vn
& de l'autre de ces lieux là, que nous
ne sçaurions regarder en droite ligne
de l'vn à l'autre. De sorte que cela
peut sembler n'estre pas moins qu'vn
miracle, de ce que la mer (estant vn
corps pesant) est retenuë de couler à
ces plus bas lieux de B. ou C. Mais si
vous considerez que l'esleuation d'vn
corps est son esloignement du centre,
& que sa descente en est só approchement:

ment : vous trouuerez qu'à la mer de
se mouuoir de D. à B, ou C. seroit vn
mouuement vers haut, ce qui est contraire à sa nature, parce que la montagne B, ou C. sont plus esloignées du
centre que la mer D. les lignes de A
B. & de A C. estans plus longues que
celle de A D. Tellement qu'à la mer
de se tenir tousiours dans son canal,
n'est que propre & conuenable à sa
nature, comme estant vn corps pesant. Mais le sens de ces passages de
l'Escriture, est de manifester la puissance & la Sagesse de nostre Dieu,
qui a assigné à la mer ces canaux, &
qui l'a ainsi enuironnée de si forts riuages, pour s'opposer à la furie de
ses vagues. Ou bien si ces gens là se
veulent tant appuyer sur les pures
paroles de l'Escriture touchant les
choses naturelles, on les refutera aisément de ces autres passages où Dieu
est dit auoir *fondé la Terre sur les Mers,
& l'a establie sur les Fleuues.* De l'interpretation literale desquels, plusieurs des anciens Peres sont tombez
dans vne autre erreur, affirmans que

N

l'eau est au plus bas lieu, & est comme la base sur laquelle le poids de la terre est porté. De cette opinion estoient a Clement Alexandrin, b Saint Athanase, c S. Hilaire, d Eusebe & autres. De maniere qu'il semble que si on s'attachoit resolument aux pures paroles de l'Escriture, on y pourroit trouuer de la contradiction ; dont le sens naturel toutesfois est entierement incapable. e S. Ierosme nous parle de quelques-vns, lesquels vouloient prouuer que les Estoilles auoient de l'entendement ou de l'intelligence, de ce passage d'Esaye 45. 12. *Mes mains ont estendu les Cieux, & ay commandé à toute leur armée.* Or disoient-ils, il n'y a que les creatures intelligentes qui soient capables de preceptes : Doncques il faut que les Estoilles ayent des ames raisonnables. De cette opinion là estoit f Philon Iuif: voire plusieurs des Rabbins concluent qu'elles chantent à toute heure des loüanges à Dieu, d'vne voix reelle & qui se peut entendre : Parce qu'il est parlé en Iob 38. 7. *des Estoil-*

a Recog.8.
b Orat. contra Idolos.
c In Psal. 136.6.
d In Psal.24

e Commen. in Isa.l.15.

f De Plant. Noé Tost. in Iosh. ca. 10. quest. 13.14.

les du matin chantans ensemble. Et au
Pseaume 19. 3. 4. où il est dit des
Cieux, *qu'il n'y a langage ni façon de
parler, d'où leur voix ne soit ouye : & que
leurs propos ont esté iusqu'aux bouts du
monde.* Et comme ainsi soit que nous
traduisons ce passage du 10. de Iosué
du retardement des Cieux : le mot
Hebreu דום, signifie proprement, *Silence,* & selon leur opinion, Iosué
commanda seulement aux Cieux de
se taire. Il y a bien de l'apparence que
de tels fondemens que ceux-cy, Ori-
gene tira l'opinion qu'il auoit que les
Estoilles seroient sauuées. Ie pourrois inserer icy quantité d'autres
exemples, n'estoit que ie suis desia las
de ramasser les erreurs de l'antiquité, ou descouurir la nudité de nos An-
cestres. Ce passage d'Acosta seruira
suffisammét pour excuser les erreurs
de ces anciens Docteurs de l'Eglise,
où il dit, *Qu'il faut aisément pardonner
aux Peres, si estans entierement occupez
à la connoissance & au seruice du Createur, ils ont eu en quelques endroits des
sentimens erronez des creatures.* Quoy

N ij

Tom, 1. in
Iohan.

De nat. no-
ui orbis l. 14
c. 2.
Facile con-
donandum
est patribus,
si cum co-
gnoscendo

qu'il en soit, ces exemples que nous auons desia alleguez, suffiront pour faire voir clairement que plusieurs autres se sont souuent abusez, en concluans les poincts de Philosophie des expressions de l'Escriture. Et partant il n'est pas certain qu'en ce faict icy, elle ne puisse aussi estre insuffisante pour ces sortes de controuerses.

PROPOSITION V.

Que l'Escriture en sa propre & naturelle signification, n'affirme en aucun endroit l'immobilité de la Terre.

A mesme responce sur laquelle nous auons insisté cy dessus, touchant la conformité des expressions de l'Escriture à la capacité & opinion des hommes, pourroit assez bien satisfaire à tous ces autres argumens qui de là semblent affirmer la fermeté & immobi-

lité de la Terre ; puis que celle-cy
conuient auſſi bien à l'apparence ex-
terieure & au iugement vulgaire que
l'autre. Mais neantmoins pour plus
ample ſatisfaction, ie coucheray icy
tout au long les paſſages particuliers
qu'ó allegue ſur ce ſuiet: par leſquels,
eſtans bien examinez, nous apperce-
urons clairement que pas vn d'eux en
leur vray & propre ſens, ne pourra
eſtre valable pour en inferer vne telle
concluſion.

L'vn des paſſages donc qu'on allegue, eſt ceſtuy-ci de l'Eccleſiaſte, cha-
pit. 1. verſ. 4. *Vne generation paſſe, &*
l'autre generation vient : mais la terre
demeure à touſiours ferme ; où il y a au
mot Hebreu עמד & ſelon la vulgate,
ſtat ; d'où nos [a] aduerſaires concluent
qu'elle eſt immobile.

Ie reſpon : que la ſignification du
mot comme il eſt icy appliqué, eſt
permanet ; ou comme nous le tradui-
ſons, dure ou continuë. Car le but de
ce paſſage n'eſt pas de dénier toute
ſorte de mouuement à la terre entiere : mais celle de generation & de

[a] Valleſius ſacra Phil. ca. 62. Full. Miſc. li. 1. cap. 15. Pineda Com. in locum.

corruption, à quoy sont suiettes les autres choses qui sont en elle. Et combien que Pineda & autres se tourmentent impertinemment, & font sonner bien haut ce passage de l'Escriture; si demeurent-ils d'accord que s'en est là le vray sens naturel. Ce que vous pourrez voir plus clairement, si vous considerez le principal but de ce liure de l'Ecclesiaste, où l'intention du Prescheur est de monstrer l'extréme vanité de tous les contentemens humains, vers. 2. & l'inutilité de tout le labeur de l'homme, vers. 3. ce qu'il esclaircit par la briesueté & l'incertitude de sa vie; au regard de quoy il est inferieur à beaucoup d'autres creatures, ainsi qu'il se peut manifester de ces quatre comparaisons.

I. De la Terre; car bien qu'elle ne semble estre autre chose que le fond & la lie du Monde, & comme le moilon de la Creation: si vaut elle mieux que l'homme au regard de sa durée, car *vne generation passe, & vne autre generation vient, mais la terre demeure à tousiours*, verset 4.

2. Du Soleil ; car bien qu'il semble frequemment se coucher, si paroist-il aussi constamment se releuer : & reluit auec la mesme gloire, verset 5. Mais a *l'homme meurt & pert toute force, voire l'homme expire, puis où est-il? Il gist par terre, & ne se releue point, tant qu'il n'y ait plus de Cieux.*

 a Iob.14.10. 12.

3. Du vent, l'emblesme ordinaire de l'inconstance, & qui toutesfois est plus constant que l'homme. Car celuy-là *connoist ses circuits, & tournoye çà & là continuellement,* vers. 6. Au lieu que *nostre vie passe comme fait le vent, mais ne reuient point.*

Psal.78.39.

4. De la Mer. Parce que bien que elle soit aussi inconstante que la Lune qui la gouuerne : si est-elle de plus de durée que l'homme & que sa felicité. Car combien que tous les fleuues vont en la Mer & en retournent, si demeure-elle tousiours de la mesme quantité qu'elle estoit au commencement, vers. 7. Mais l'homme dechet à mesure qu'il vieillit, & approche tousiours plus prés de son entiere decadence. Tellement qu'en cet esgard

il est beaucoup inferieur à plusieurs
autres creatures.

D'où il appert tres clairement, que
cette fermeté ou station de la Terre
n'est pas opposée à son mouuement
local, mais au changemēt & mutatiō
qui se fait de diuers hommes en leurs
generations diuerses. Et partant de
conclurre de là l'immobilité de la
Terre, seroit vne chose aussi foible &
aussi ridicule, que si on raisonnoit
ainsi : Vn Meusnier va , & vn autre
Meusnier vient, mais le Moulin demeure tousiours : Donc le Moulin n'a
point de mouuement.

Ou bien ainsi : vn Pilote va , & vn
autre vient, mais le Nauire demeure
tousiours : donc le Nauire ne se meut
point.

a Perplex.
lib.2, ca.29.

a Rabbin Mosé nous raconte comment plusieurs des Iuifs concluoient
de ce passage, que Salomon estimoit
que la Terre estoit eternelle , parce
qu'il dit qu'elle demeure לעולם à iamais. Et veritablement si nous l'e-
xaminons sans passion , nous trouuerons que cette phrase ou façon de
parler

parler semble plus fauoriser cette
derniere absurdité, que celle que nos
aduersaires en voudroient recueillir;
assauoir, que la Terre est sans mouuement.

Mais Fullerus pressant ce texte
contre Copernic, nous dit que si on
interpretoit ces phrases touchant la
fermeté de la Terre, vers. 4. & le mouuement du Soleil, vers. 5. eu esgard
seulement a l'apparence & à l'opinion
vulgaire : il faudroit necessairement
entendre les deux autres versets suiuans (qui parlent du mouuement du
Vent & des Riuieres,) en ce mesme
sens aussi. Comme s'il disoit, parce
que quelques choses paroissent autrement qu'elles ne sont ; Donc chaque chose est autrement qu'elles ne
paroist. Ou bien, parce que l'Escriture parle de quelques choses naturelles ainsi qu'elles sont estimées selon
la fausse imagination de l'homme:
Doncques il est necessaire que chaque
chose naturelle mentionnée en l'Escriture, se doiue prendre au mesme
sens. Ou bien encore, d'autant qu'en

O

vn paſſage de l'Eſcriture ᵃ nous y liſons des *bouts des barres ou baſtons* : &
en beaucoup d'autres lieux, *des bouts
de la Terre*, & des *bouts des Cieux* : Donc
la Terre & les Cieux ont proprement
des bouts comme vne barre ou vn bâ-
ton. C'eſt toute la méſme conſequence que celle de l'Objection, aſſauoir,
d'autant qu'en ce paſſage de l'Eccleſiaſte nous liſons du repos de la Terre, & du mouuement du Soleil : Donc
ces phraſes ou façõs de parler ſe doiuent neceſſairement entendre au méme ſens que celles qui ſuiuent apres,
où le mouuemẽt eſt attribué au Vent
& aux Riuieres. Laquelle inference,
comme vous voyez, eſt ſi foible, qu'il
me ſemble que celuy qui fait cette
Objection, n'a pas ſujet de tant triompher en la force d'icelle, cõme il fait.

  Vne autre preuue pareille à celle-ci,
ſe prend de la ſeconde Epiſtre de S.
Pierre, où il eſt parlé de la terre con-
ſiſtante hors de l'eau, & dedans l'eau
γῆ ουνεςῶϲ, & partant que la Terre eſt
immobile.

  Ie reſpond, qu'il eſt euident que le

mot dont se sert icy l'Apostre est equiualent à *fuit* : & que son but est de monstrer que Dieu à fait la Terre entiere, tant celle qui est au dessus, que celle qui est au dessous de l'eau. De sorte que de vouloir recueillir de cette expression le repos & l'immobilité de la Terre, seroit vn argument beaucoup semblable à celuy-cy. Vn tel homme a fait cette partie d'vne roüe de Moulin ou d'vn Nauire qui est au dessus de l'eau, & cette autre partie qui est sous l'eau : Donc ces choses là sont immobiles. Voila comment l'ardeur d'opposition &de contradiction reduit nos aduersaires à de telles consequences vaines & friuoles.

Vn troisiéme argument plus fort qu'aucun des deux premiers, se peut recueillir (selon que se l'imaginent nos aduersaires) de ces[a] passages de l'Escriture, où il est dit que *le Monde est affermi, & ne pourra estre esbranlé.*

A quoy ie respond, Que ces passages parlent du Monde en general, &

[a] 1. Chron. 16.30. Psal. 93.1. Item 96. 10.

non pas particulierement de noſtre
Terre : & partant peuuent auſſi bien
prouuer l'immobilité des Cieux, fai-
ſans comme ils ſont la plus grande
partie du Monde, & en comparaiſon
deſquels noſtre Terre n'eſt que comme vn poinct imperceptible.

Si vous repliquez que le mot en
ces paſſages ſe doit entendre par vne
Synedoche, comme s'entendant ſeulement de ce Monde habitacle, la
Terre.

Ie reſpond, Premierement, que
c'eſt dire, & non pas prouuer. Secondement, que le Prophete Royal
Dauid vn peu auparauant ſemble faire difference entre le Monde & la
Terre, quand il dit au Pſeaume no-
nantiéme & ſecond verſet : *Deuant
que tu euſſes formé la Terre & le Monde.*
Mais en troiſiéme lieu en vn autre endroit, ce meſme mot original Hebreu eſt appliqué expreſſément aux
Cieux : Et ce qui eſt encore plus, c'eſt
que ce meſme paſſage fait pareillement mentió de ce ſuppoſé affermiſ-
ſement de la Terre, Prou. 3. 19. *L'Eter-*

nel a fondé la Terre par sapience, & affer-
my les Cieux par intelligence. Tellement que ces paſſages là ne peuuent
pas non plus prouuer vne immobilité en la Terre, qu' vne immobilité aux
Cieux.

Que ſi vous repliquez encore, Que
par les Cieux en cét endroit eſt entendu le ſiege des bien-heureux, lequel ne ſe meut point auec les autres:

Ie reſpond, qu'encore que par vne
telle euaſion on pourroit peut-eſtre
euiter la force de ce paſſage; ſi eſt-ce
premierement que ce n'eſt qu'vn pur
ſubterfuge ſans fondement, parce que
ce verſet là ne contiendroit donc pas
vn entier denombrement des parties
du Monde, comme cela ſemble mieux
conuenir à l'intention de ce paſſage:
mais monſtreroit ſeulement que Dieu
auroit creé cette terre où nous viuõs,
& le Ciel des Cieux. De maniere que
le Ciel des Eſtoilles & des Planettes
ſeroit par ce moyen exclus du nombre des autres creatures. Secondement il y a vn autre paſſage qu'on ne
pourra pas ainſi eſquiuer, aſſauoir au

Pseau. 89. verset 38. où le Psalmiste
vse de cette expression יכון. *Il sera affermi à tousiours comme la Lune.* Ainsi
au Pseaume 8.3. *la Lune & les Estoilles* אשר כוננתה *que tu as establies.* Ainsi
aux Prouerbes 8. 27. *Quand il affermissoit les Cieux:* & au verset immediatement suiuant, nostre version lit,
quand il affermissoit les nuées. Et cependant nos aduersaires affirmeront, que
la Lune, & les Estoilles, & les Nuées,
sont sujettes aux mouuemens naturels : Pourquoy donc ces mesmes expressions seroient-elles estimées estre
des argumens suffisans pour oster à la
Terre ce mouuement là?

Si on replique que par l'establisse-
ment des Cieux est entēdu seulement
qu'ils sont soustenus à ce qu'ils ne
tombent en bas, ainsi que a Lorinus
explique ce passage du 8. Pseaume:
& cite Euthymius pour la mesme interpretation : Sçauoir *que le verbe
fonder , signifie qu'ils ne peuuent des-
cheoir ny estre ostez du lieu où ils sont
placez :* Pourquoy ne pourrons-nous
donc pas aussi bien entēdre de la mes-

me façon ces paroles touchât la Terre? tellement que par son establisse-
ment n'est entendu autre chose sinon
qu'elle est soustenuë és lieux vastes
du plein air, sans tomber en aucun
autre lieu.

D'icy est clair comme le iour, que
ces passages de l'Escriture se doiuent
entendre d'vne telle immobilité en
la Terre, que celle qui conuient aux
Cieux : le mesme mot originel estant
confusément appliqué à l'vn & à l'autre.

Mais, direz-vous, il y a des autres
passages qui approprient plus particulierement à la Terre cet establis-
sement & fermeté. Ainsi au Pseaume 119. vers. 90. *Ta fidelité demeure
d'aage en aage : tu as establi la terre, &
elle demeure ferme.* Ainsi au Pseaume
104. vers. 5. *Il a fondé la terre sur ses
bases, tellement qu'elle ne sera point
esbranlée en aucun temps, ny à perpe-
tuité.* Le dernier desquels passages
en l'Original Hebreu estant bien pesé, Miscel. lib.
dit Fullerus, conclud fortement en 1. cap. 15.
trois paroles emphatiques l'immobi-

lité de la Terre.

Comme premierement quand il dit יסד *fundauit*, Il l'a fondée : par où il est inferé qu'elle ne change point de lieu. A quoy l'on peut adjouster tous ces textes qui parlēt si frequemment *des fondemens de la Terre* : comme aussi cette expression du Psalmiste, où il fait mention *des Piliers de la terre*, Pseaume 75. verset 3.

Le second mot est מכוניה traduit *Basis*, & par les Septante ἐπὶ τὴν ἀσφάλειαν αὐτῆς, c'est à dire, *Il l'a fondée sur sa propre fermeté*; & partant elle est tout à fait sans mouuement.

La troisiéme expression est בל-תמוט de la racine מוט qui signifie *declinare*; voulant dire qu'elle ne pourroit en la moindre façon du monde vaciler ou se destourner.

A ces choses ie respondray à part & separément.

Premierement, que quant au mot de יסד *fundauit*, Il ne se peut entendre proprement, comme si la machine naturelle de la Terre, ainsi que les autres bastimens, auoit besoin de fondement

dement pour la souftenir : *car il suf-*
pend la Terre sur vn rien, Iob 26. 7.
Mais c'eft vne Metaphore, & qui fignifie que Dieu a placé ou fitué ce
globe de Terre & d'eau. Et comme
Dauid nous parle des Piliers de la
Terre : ainfi Iob fait-il mention a *des* a Iob. 26.11.
Piliers des Cieux. Et neantmoins
cela ne les prouue pas eftre immobiles.

Il eft vray que noûs lifons foüuent
des *fondemens de la Terre* : mais auffi
faifons nous femblablement *des bouts,*
coftez, & coins de la Terre : & cependant ces' paffages de l'Efcriture ne
prouuent pas qu'elle foit d'vne forme
longue ou quarrée : D'ailleurs, nous
lifons auffi des fondemens des Cieux,
מוסדות השמים. Et toutesfois nous ne 2. Samuel
deuons pas inferer de là qu'ils foient 22. 8.
fans aucun mouuement : Comme
auffi *du plantement des Cieux.* Efaye
51. 16. ce qui les peut auffi bien prouuer eftre immobiles, que ce qui fuit
au mefme verfet touchant les fondemens de la Terre.

Laquelle phrafe ou façon de par-

ler, en diuers lieux de l'Escriture, se
doit entendre (si ie ne me trompe)
selon ces trois interpretations icy.

1. Elle se prend quelquesfois pour
les plus basses parties de la Terre,
comme il appert par ces passages du
second liure de Samuel & du Pseau. 1
18. *Lors le fin fond des eaux apparut, &*
les fondemens du Monde furent descou-
uerts.

2. Cette phrase se prend quelques
fois pour le commencement & premiere creation d'icelle, *Esaye* 40. 21.
Ne vous a-il pas esté declaré dés le com-
mencement ? ne l'auez-vous pas entendu
dés les fondemens de la Terre ? Et en
á Iean 17. beaucoup d'autres a passages, *Deuant*
24. *que les fondemens du Monde fussent po-*
Ephes.1.4. *sez :* c'est à dire, deuant la premiere
creation.

Quelquesfois elle signifie les Ma-
gistrats & principaux Gouuerneurs
de la Terre. Ainsi plusieurs expli-
quent ce passage du Prophete Mi-
Michée 6. chée, où il est dit : *Escoutez montagnes*
2. *le debat de l'Eternel, mesmes les plus fer-*
mes fondemens de la Terre. Ainsi Pseau.

82. verſ. 5. *Tous les fondemens de la Terre ſont esbranlez : & au premier liure de Samuel* a *ils ſont appellez Piliers. Car les piliers de la terre appartiennent à l'Eternel : & il a poſé le monde ſur iceux.* Delà vient que les Hebreux deriuent leur mot de Maiſtre ou Seigneur, d'vne racine qui ſignifie Baſe ou fonds אדנים de אדן. Et le mot qui ſignifie Roy en Grec, emporte autant que Fondement du peuple. Or pas vne deſſuſdites interpretations diuerſes de cette phraſe, ne mene en la moindre façon du monde à la confirmation du preſent argument.

Quant au ſecond mot מכונים *Baſis rius* : Ie reſpons, que ſa propre ſignification eſt, *locus diſpoſitus, ſedes, ou ſtatio*: vn ſiege aſſigné ou ſtation : & eſt, en ce ſens icy, tres frequemment vſité en l'Eſcriture. Et partant, les Cieux ſont quelquefois appellez מכון le Siege de l'habitation de Dieu. Et pour cette raiſon auſſi, *Aquila & Symmachus* le traduiſent par le mot de ἑδος, ſiege ou ſituation aſſignée, ce qui

a chap. 2. 8.

Etimol. mag. βασιλευς, comme qui diroit βασις τȣ λαȣ.

peut auſſi bien eſtre attribué aux
Cieux.

La troiſiéme expreſſion eſt בל תמוט
qu'elle ne ſera point eſbranlée, de la
racine מוט qui ne ſignifie pas ſimplement ſe mouuoir : mais decliner, ou
vaciler, ou ſe deſtourner de ſa route
accouſtumée. Ainſi Dauid en vſe-il
au Pſeau. 17. verſ. 5. quand il prie
Dieu *d'affermir ſes pas en ſes ſentiers,*
בל נמטו פעמי *afin que ſes pieds ne gliſ-*
ſent point : Il n'entend pas dire que ſes
pieds ne ſe deuſſent point mouuoir.
De meſme au Pſeau. 121. verſ. 3. *Puis*
que le Seigneur eſt à ma dextre , Ie ne
ſeray point eſbranlé : lequel dernier
Actes 2.25. paſſage eſt verty dans le Nouueau
Teſtament par le mot Grec σαλεύω qui
ſignifie *fluctuare,* ou *vacillare,* c'eſt à
dire eſtre ſecoüé par vn mouuement
incertain & deſreglé comme ſont les
vagues de la Mer. Or comme les pieds
de Dauid pouuoient auoir leur mouuement accouſtumé, & neantmoins
en ce ſens eſtre dits ne point mouuoir, c'eſt à dire ne point decliner ou
vaciler : ainſi cette phraſe ou façon de

parler appliquée à la Terre, ne peut
pas prouuer non plus qu'elle soit immobile.

Aussi ne voy-ie pas de raison pourquoy ce dire de *DIdacus Astunica* ne
puisse veritablement estre affirmé; *Comm. in Iob.*
assauoir que nous pouuons prouuer
le mouuement naturel de la Terre,
de ce passage de Iob 9. 6. *Il esbranle la
terre de son lieu*; aussi bien que son repos & immobilité, de ces autres passages là.

*Qui com-
mouct ter-
ram è loco
suo.*
Iob. 9. 6.

De tout ce que dessus il appert manifestement, que ces expressions touchant le fondement ou establisse-
ment du Ciel & de la Terre, n'ont
point esté à dessein de monstrer l'immobilité de l'vn ou de l'autre, mais
plustost la Puissance & la Sagesse de
la Prouidence diuine, laquelle à tellement affermy ces parties du Monde en leurs propres situations, que
nulle cause naturelle ne les sçauroit
déplacer, ou les faire decliner du
cours qui leur est assigné. Et quant à
ceux qui reiettent entierement toute
nouuelle interpretation de l'Escritu-

re, mesme aux poincts qui sont purement d'opinion, & qui ne sont point fondamentaux : Ie leur proposeray seulement le dire de *Sainct Ierosme, touchant quelques-vns de mesme aduis en son temps. *Puis que ils recherchent auec tant de passion de nouueaux plaisirs, & qu'à peine les prochaines mers peuuent satisfaire & contenter leur auidité : pourquoy donc dans l'estude des sainctes Escritures abhorrent ils si fort la nouueauté?*

Ainsi donc ay-ie esclaircy en quelque mesure les principaux argumens, tirez de l'Escriture contre cette opinion. Pour laquelle toutesfois ie n'en ay cité aucun : parce que i'estime que le principal but des Saints Cahiers ayant esté de nous informer des choses qui concernent nostre Foi & nostre Obeyssance, nous n'en pouuons puiser aucune preuue propre pour la confirmation des Secrets Naturels.

PROPOSITION VI.

Qu'il n'y a aucun Argument pris des paroles de l'Escriture, des principes de la Nature, ou des Obseruations en Astronomie, qui puisse demonstrer suffisamment que la Terre soit au centre de l'Vniuers.

NOs Aduersaires triomphent extrémement en la force des argumens, qu'ils s'imaginent conclurre infailliblement & sans qu'on y puisse repartir, que la Terre est au centre du Monde. Au lieu que si on les considere sans passion, on les trouuera de nulle valeur pour en conclurre telle chose, comme il sera monstré clairement en ce chapitre.

Les argumens donc que nos aduersaires pressent & mettent en auant pour la preuue de cecy, sont de trois sortes: assauoir ceux qui se prennent.

1. Des expressions de l'Escriture.

2. Des Principes de la Philosophie naturelle.

3. Des communes apparences en
l'Astronomie.

De ceux de la premiere sorte il y
en a deux principaux. Le premier
est fondé sur cette phrase ordinaire
de l'Escriture, qui parle du Soleil
comme estant au dessus de nous.
Ainsi Salomon faisant souuent mention des affaires humaines, les appelle *œuures qui se font sous le Soleil.*
Dont il appert (disent-ils) que la
Terre est sous luy : & par consequent
plus proche du centre du monde que
le Soleil.

Ie respond, Qu'encore que le Soleil
eu egard à l'entiere machine du Monde soit au milieu : si est-ce que cela
n'empesche pas qu'au regard de no-
tre Terre il ne puisse vrayement estre
dit au dessus d'elle, parce qu'ordi-
-nairement nous mesurons la hauteur
ou la profondeur de chaque chose,
par l'esloignement ou approchement
qu'elle a de ce centre de nostre Terre ; dont le Soleil estant si esloigné,
on

on peut proprement affirmer que nous sommes sous luy, bien qu'il soit au centre de l'Vniuers.

Vn second argument de cette mesme trempe, est allegué par Fromondus.

Il est conuenable, dit-il, que l'Enfer (qui est au centre de la Terre) soit le plus esloigné du siege des Bien-heureux. Or ce ciel, qui est le siege des bien-heureux, est concentrique au Ciel des Estoilles. Et partant il s'ensuiura qu'il faut que nostre Terre soit au milieu de cette Sphere: & ainsi par consequent au centre de l'Vniuers.

Ie respond que cet argument est fondé sur ces trois propositions incertaines.

1. Qu'il faut necessairement que l'Enfer soit situé au centre de nostre Terre.

2. Que le Ciel des bien-heureux, est necessairement concentrique au ciel des Estoilles.

3. Qu'il faut que les Cieux soient autant esloignez pour leur situation, que pour leur vsage.

Q

Lesquelles estans prises pour con-
cedées sans aucune preuue, & n'estans
en elles-mesmes que tres foibles &
tres douteuses ; la conclusion (qui
suit tousiours la pire partie) n'en peut
estre forte, & ainsi cet argument
n'aura pas besoin d'autre responce.

La seconde sorte d'argumens, pris
de la Philosophie naturelle, sont
principalement ces trois icy.

1.Argumét.   Premierement, de la vileté de nostre terre, parce qu'elle est composée
d'vne matiere moins noble qu'aucune autre partie du Monde: & partant
elle doit estre situuée au centre, qui est
le pire lieu, & le plus esloigné de ces
plus purs & incorruptibles corps celestes.

Ie respond, que cet argument suppose des propositions pour fondemens, qui ne sont point encore prou-
uez; & qui par consequent ne se doiuent pas conceder. Comme,

1. Que les corps doiuent estre autant esloignez de lieu, qu'ils le sont
d'excellence.

2. Que la Terre est d'vne substance

moins noble qu'aucune des autres
Planettes, estant d'vne matiere plus
basse & plus vile.

3. Que le centre est le pire lieu.
Toutes lesquelles choses sont (sinon
tres euidemment fausses) au moins
sont-elles tres incertaines.

Secondement , de la nature du
centre , qui est le lieu du repos, & tel
qu'en tous mouuemens circulaires il
est immobile soy-mesme. Et partant
sera la situation la plus propre pour
la Terre, laquelle à cause de sa pesanteur est mal propre au mouuement.

2. Argument.

Ie respond, que cet argument est
semblablement basti sur ces deux
faux Principes.

1. Que la Machine entiere de la
Nature tourne circulairement la terre seule exceptée.

2. Que toute la Terre considerée
comme entiere & en son propre lieu
soit pesante, ou plus mal propre au
mouuement naturel qu'aucune des
autres Planettes.

Lesquels sont si esloignez d'estre
des Principes generaux pour resou-

dre les controuerses, qu'au contraire ils sont la vraye chose en question
entre nous & nos aduersaires.

    En troisiéme lieu , de la nature de
tous corps pesans , qui est de tomber
au plus bas lieu. D'où nos aduersaires concluent qu'il faut que nostre
Terre soit au centre.

    Ie respond, que cela la peut bien
prouuer estre vn centre de grauité,
mais non pas vn centre de distance,
ou qu'elle soit au milieu de l'Vniuers.
Mais, disent nos aduersaires, Aristote presse fort pour ce poinct, vne demonstration qui necessairement doit
estre infaillible. De cette façon : le
mouuement des corps legers tend ap-
paremment en haut vers la circonference du Monde: Or le mouuement
des corps pesans est directement contraire à l'esleuation des autres : Donc
il s'ensuiura necessairement que ceux
cy tendent tous au centre du Monde.

    Ie respond, qu'encore qu'Aristote
fut grand Maistre en l'Art des Sylo-
gismes, & celuy duquel nous auons
receu les regles de la dispute, si est-ce

qu'en cette particularité, il est tres
clair & manifeste qu'il s'est trompé
par vn Sophisme, parce que son argument suppose la chose qu'il pretend
prouuer.

Que les corps legers s'esleuent à
quelque circonference plus haute, &
qui est au dessus de la Terre, c'est vne
chose claire, & qui ne se peut nier.
Mais que cette circonference soit la
mesme que celle du monde, ou qu'elle luy soit concentrique, c'est ce qui
ne se peut affirmer raisonnablement,
à moins que de supposer que la Terre
soit au centre de l'Vniuers, qui est la
chose à prouuer.

Ie voudrois bien sçauoir sur quels
fondemens ou principes nos aduersaires peuuent prouuer que la descente des corps pesans soit au centre ; ou
l'esleuation des corps legers, à la circonference du Monde. Toute l'experience que nous en pouuons auoir ne
s'estend seulement qu'aux choses qui
sont sur nostre Terre, ou en l'Air, qui
l'auoisine. Mais, qu'est-ce que cela eu
esgard à cette vaste machine de tout

l'Vniuers, sinon vn poinct insensible,
qui n'a pas tant de proportion à son
tout, qu'en a vn grain de sablô à toute
la Terre. C'est pourquoy ce seroit vne
chose ridicule, & où il n'y auroit point
du tout de sens, que de l'experience
que nous auons d'vne si petite partie,
nous prononçassions quelque chose
infailliblement touchant la situation
du tout. Les argumens qui sont pris
de l'Astronomie, sont principalement ces quatre icy, que nos aduersaires vantent estre sans replique.

*Argument
1.*

1. L'horison (disent-ils) diuise en
tous endroits tous les grands cercles
d'vne Sphere en deux parties esgales:
Tellement qu'il y a tousiours la moitié de l'Equinoctial dessus, & l'autre
moitié dessous. De mesme y aura-il
toûjours constamment six signes du
Zodiac sur l'Horison, & les six autres
dessous. Et de plus les cercles du Ciel
& de la Terre sôt de tous costez proportionnels les vns aux autres : comme, quinze lieuës d'Allemagne sur la
Terre, conuiennent par tout à vn degré dans les Cieux; & vne heure dans

la Terre, correspond à quinze degrez
dans l'Equateur. D'où l'on peut inferer qu'il faut necessairement que la
Terre soit stituée au milieu de ces
cercles-là ; & ainsi consequemment
au centre du monde.

Ie respond, que cét argument prou- Responce.
ue bien à la verité que la Terre est au
milieu de ces cercles: mais on ne peut
pas conclurre delà, qu'elle soit au centre du Monde : duquel centre quelque esloignée que fust la Terre, si ne
laisseroit-elle pas de demeurer toûjours au milieu de ces cercles là, parce
que c'est l'œil qui se les imagine estre
décrits autour d'elle: c'est pourquoi ce
seroit vne mauuaise consequence que
d'argumenter de cette sorte, assauoir,
Que la Terre est au centre du Monde,
pource qu'elle est au milieu de ces cercles là , ou pource que les parties &
les degrez de la Terre correspondent
en proportion aux parties ou aux degrez du Ciel : veu qu'au contraire il
s'ensuit plustost, Que ces cercles sont
également distans & proportionnels
en leurs parties au regard de la Ter-

te, parce que c'est nostre œil qui se les figure à l'entour de son centre.

De sorte que quand bien il apparoistroit vne beaucoup plus grande partie du Monde en vne fois qu'en vne autre; si est-ce qu'au regard de ces cercles que nostre œil descrit à l'entour de la Terre, tout ce que nous pourrions voir à la fois ne sembleroit estre qu'vn parfait Hemisphere: comme il sera demoustré par cette Figure suiuante.

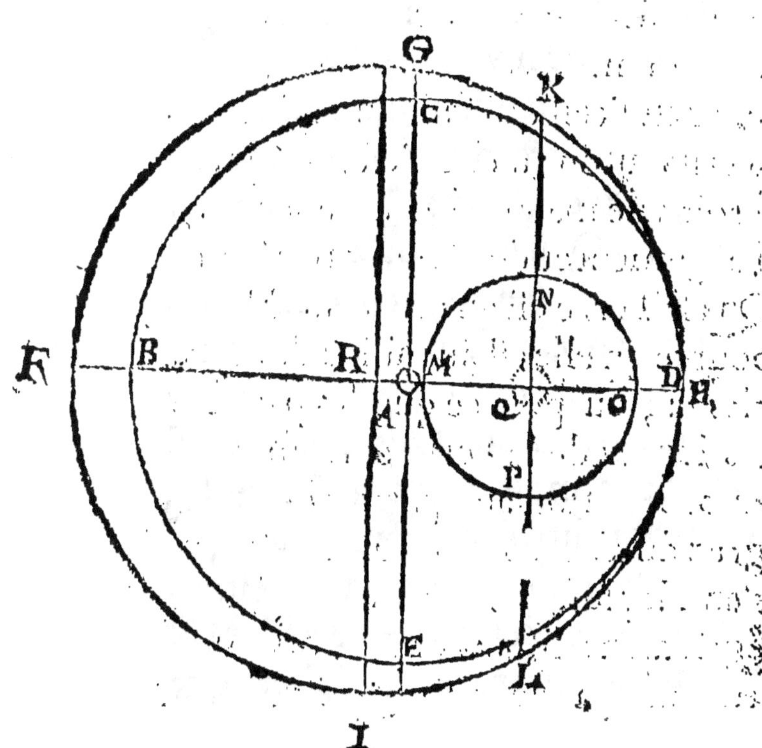

Où posé que A soit nostre Terre,
B C D E l'vn des grands cercles que
nous nous figurons à l'entour d'elle,
F G H I le Ciel des Estoilles fixes, R
son centre. Or quoy que l'arc G F I.
soit plus grand que celuy de G H I, si
est-ce neantmoins qu'à nos yeux dans
la Terre A, l'vn apparoistra vn de-
my-cercle aussi bien que l'autre ; parce que l'imagination transfere toutes
ces Estoilles au moindre cercle B C
D E, qu'elle s'imagine estre descrit au
dessus de ce centre là. D'auantage,
quand mesme il y auroit vne Terre
habitable à vne bien plus grande distance du centre du Monde, mesme
en la place de Iupiter, comme par
exemple à Q, si est-ce qu'alors aussi il
y auroit la mesme representation
ou apparence. Car bien que l'arc
K F L au ciel des Estoilles fust deux
fois plus grand que l'autre K H L, si
est-ce neantmoins qu'à la Terre Q,
ils n'apparoistroient tous deux que
comme Hemispheres esgaux, estans
transferez en cet autre cercle M N
O P, qui fait partie de la Sphere que

R

l'œil se delcrit & se represente à l'entour de cette Terre-là.

D'où nous pouuons voir clairement, qu'à quelque distance du centre
du Monde que puisse estre la Terre,
si est-ce toutesfois que les parties &
les degrez de cette Sphere imaginaire à l'entour d'elle, seront touliours
proportionnelles aux parties & aux
degrez de la Terre.

2. Vne autre demonstration semblable à la precedente, que nos aduersaires alleguent ordinairement à
ce mesme propos, est celle-cy. Si la
Terre (disent-ils) est hors du centre
du Monde, il faut qu'elle soit située
en l'vne de ces trois positions : assauoir ou dans l'Equateur, mais hors
de l'Axe : ou secondement dans l'A-
xe, mais hors de l'Equateur ; ou en
troisiéme lieu hors de l'vn & de l'autre. Or elle n'est placée en pas vne de
ces situations : Donc il faut qu'elle
soit au centre.

1. Elle n'est point dans l'Equateur
& hors de l'Axe. Car premierement,
il n'y auroit point du tout d'Equino-

xe en quelques endroits, où les iours
& les nuits fuſſent d'egale longueur.
Secondement les apres diſnées & les
matinéesne ſeroient pas non plus de
meſme longueur ; parce qu'il faudroit que noſtre ligne Meridienne
diuiſaſt l'Hemiſphere en parties inegales.

2. Elle n'eſt point dans l'Axe, mais
hors de l'Equateur : car, premierement, l'Equinoxe n'aduiendroit pas
lorsque le Soleil ſeroit dans la ligne
du milieu entre les deux Solſtices,
mais dans quelque autre paralelle qui
peuſt eſtre plus proche de l'vn d'eux,
ſelon que la Terre s'approcheroit
plus d'vn Tropique que de l'autre.
Secondement, il n'y auroit pas vne
telle proportion entre l'accroiſſe-
ment & deſcroiſſement des iours &
des nuicts, comme il y a maintenant.

3. Elle n'eſt point hors de tous les
deux : Car tous ces inconueniens &
diuers autres, par meſme neceſſité de
conſequence s'en infereroient. D'où
il s'enſuiura qu'il faut que la Terre
ſoit ſituée là où l'Axe & l'Equateur

R ij

se rencontrent, qui est le centre du Monde.

Responce.   Nous demeurons d'accord qu'il faut necessairement que la Terre soit placée & dans l'Axe & dans l'Equateur: & ainsi consequément au centre de cette Sphere que nous nous imaginons à l'entour d'elle. Mais neantmoins cela ne prouuera pas qu'elle soit au milieu de l'Vniuers. Car, que nos aduersaires la supposent en estre autant esloignée qu'ils s'imaginent qu'est le Soleil ; si pourra-elle tousiours estre située dãs la vraye rencontre de ces deux lignes: parce que l'Axe du Monde n'est autre chose que cette ligne imaginaire qui passe par les Poles de nostre Terre aux Poles du Monde. Pareillement, l'Equateur n'est autre chose qu'vn grand cercle au milieu de la Terre entre les deux Poles, que nostre imaginatiõ fait aller iusques aux Estoilles fixes. De mesme aussi pouuons-nous affirmer que la Terre est au plan du Zodiaque, si par son mouuement annuel elle descrit ce cercle imaginaire là: & au plan de l'Equateur, si par son mouuement iournalier autour de son Axe elle faisoit diuers paralelles, dont le milieu seroit l'Equateur. D'où il appert que ces deux premiers argumens procedent d'vne seule & mesme erreur, pendant que nos aduersaires supposent que la circonference & le centre de la Sphere, est le mesme que celuy du Monde.

Vne autre demonstration de la mesme nature se prend des Eclipses du Soleil & de la Lune ; lesquelles n'auiendroient pas toûjours lors que ces deux Astres sont diametralement opposez l'vn à l'autre, mais arriueroient quelquesfois quand ils sont moins distans que d'vn demy cercle, si ainsi estoit que la Terre ne fust pas au centre. *Argument 3.*

Ie respond, que cét argument, estãt bien consideré, se trouuera tres-directement inferer cette conclusion, assauoir, Qu'en toutes Eclipses, la Terre est en vne telle droicte ligne (entre les deux Luminaires) de laquelle les extrémitez visent aux par- *Responce.*

ties opposées du Zodiaque. Or quand
bien nos Aduersaires supposeroient
(ainsi que fait Copernic) que la Terre fust située où ils veulent que soit
l'Orbe du Soleil, si est-ce qu'il ne se
feroit point du tout d'Eclipse, sinon
lors que le Soleil & la Lune seroient
diametralement opposez l'vn à l'autre, & nostre Terre entre deux: comme cela se peut demonstrer clairement par cette Figure, où vous voyez
ces deux Luminaires en signes opposez, & selon que quelque partie de
nostre Terre sera située par sa reuolution iournaliere, ainsi luy sera chaque Eclipse visible ou non visible.

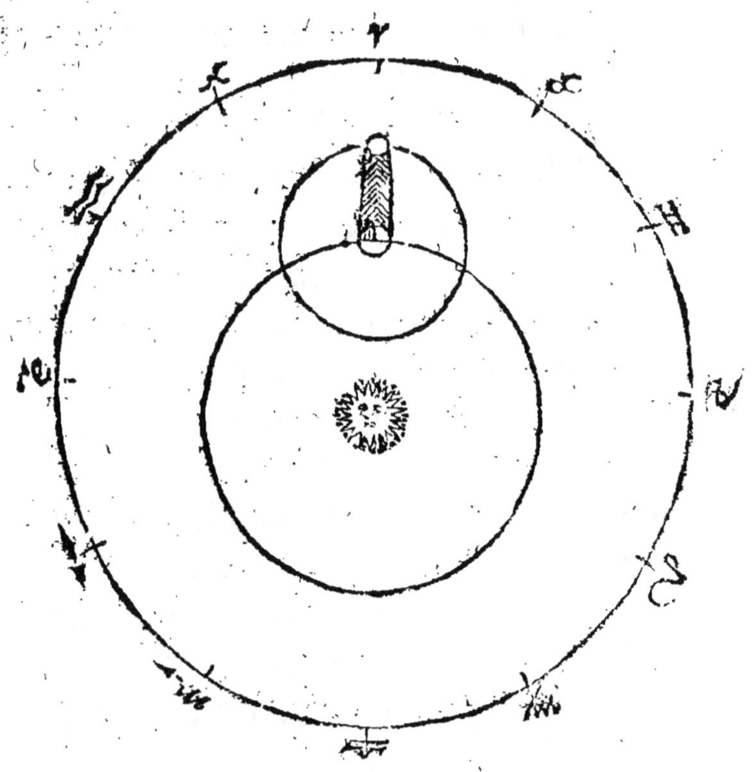

Le dernier & principal argument
est pris de l'Apparence des Estoilles;
lesquelles en chaque Horison à toute
heure de la nuict, & en tout temps
de l'Année semblent d'esgale grandeur. Or, disent-ils, cela ne pourroit
pas estre, si nôtre terre estoit quelques
fois plus proche d'elles de deux millions de lieuës d'Allemagne, ce qu'on

Argumét 4.
Arist. de
cœlo lib. 2,
cap. 14.

accorde estre le diametre de cét Orbe dans lequel la Terre est supposée
se mouuoir.

Ie respond à cela, que cette consequence ne tiendra pas, si nous affirmons que l'Orbe de la Terre n'est pas
grand assez pour faire aucune difference sensible en l'apparence des E-
stoilles fixes.

Ouï, mais dira quelqu'vn, c'est vne
chose hors de toute imagination &
de raison, de croire que les Estoilles
fixes soient à vne si prodigieuse distance de nous, qu'en nous en appro-
chans plus pres de deux millions de
lieuës d'Allemagne, nous ne puissiós
apperceuoir aucune difference en la
quantité apparente de leurs corps.

Ie replique qu'il n'y a point de
moyen certain pour trouuer l'exacte
distance du Firmament estoillé, mais
sommes contrains d'en conclurre par
conjectures, selon que les raisons &
les obseruations diuerses semblent les
plus vray semblables aux fantaisies de
plusieurs. Or, que cette opinion de
Copernic ne le face pas trop grand,
cela

cela se pourra voir & reconnoistre de ces considerations suiuantes.

1. Ces mots de grand & de petit sont termes relatifs, & qui emportent comparaison à quelque autre chose. Tellement que là où le Firmament (comme il est selon Copernic) est dit estre trop grand: il y a apparence que ce mot se doit entendre eu egard à quelqu'autre chose de mesme espece, dont la moindre est l'Orbe de la Lune. Mais si de ce qu'il est d'autant plus grãd que celuy-ci peut estre vne suffisante raison pourquoy il doiue estre estimé trop grand, donc il sembleroit que l'on pourroit conclurre que toute chose qui surpasseroit vne autre de mesme espece en pareille proportion, seroit de trop grande quantité: & ainsi par consequent nous pourrions affirmer qu'il n'y auroit rien de telle chose dans le Monde. Et de là s'ensuiura que les Baleines & les Elephans sont des pures chymeres & des fictions Poëtiques, parce qu'ils surpassent tant en grandeur plusieurs autres animaux. Si cette huictiéme

S

Sphere (dit Galilée) toute grande
qu'elle est, estoit vn corps lumineux,
& placé si loin de nous qu'il ne pa-
rust que comme vne des moindres E-
stoilles, alors nous ne l'estimerions
que fort petit ; & partant il n'y à
point de raison de l'exclurre du nombre des œuures de la Nature, à cause
de sa trop grande immensité. C'est
vn discours fort frequent en la bouche de nos aduersaires, comme de
Tycho-Brahé, Fromondus &autres,
pour excuser cette incroyable vitesse
qu'ils s'imaginent en leur *premier mobile*, Qu'il estoit requis & conuenable que le mouuement desCieux eust
quelque espece d'infinité en soy,pour
faire mieux paroistre l'infinité du
Createur. Et pourquoy ne pouuons
nous pas aussi bien affirmer la mesme
chose, touchât la grâdeur desCieux?
*Difficilius est accidens præter modulum
subjecti intendere, quàm subjectum sine
accidente augere*, dit Keppler.Voulant
dire qu'il est moins absurde de s'imaginer que la huitiéme Sphere soit
d'vne si vaste grandeur, tant qu'elle

est sans mouuement, ou au moins
n'en a qu'vn fort lent ; que de luy attribuer vne si incroyable vistesse, laquelle est entierement disproportionnée à sa grandeur.

2. Clauius reconnoist, & mesme cela se pourroit aisément demonstrer,
Que si le centre estoit attaché sur le
Pole du Monde, l'Orbe dans lequel
il suppose que le Soleil se meut, ne
pourroit pas atteindre si auant en la
huitiéme Sphere (estant considerée
suiuant l'Hypothese de Ptolomée)
que de toucher l'Estoille Polaire : laquelle neantmoins est si proche du
Pole mesme, dit-il, qu'à peine pouuons-nous discerner sõ mouuement.
Voire qui plus est, ce cercle là que fait
l'Estoille Polaire à l'entour du Pole,
est plus de quatre fois plus grand que
n'est l'Orbe du Soleil. De sorte que
selon l'opinion de nos aduersaires,
quand bien nostre terre seroit à cette
distance du centre qu'ils s'imaginent
qu'est le Soleil ; si est-ce que cette ex-
centricité ne la feroit pas estre plus
proche d'aucune partie du Firma-

Comment.
in Sphær.
cap. 1.

S ij

ment, qu'est l'Estoille Polaire au Pole, laquelle selon sa propre confession
est à grand peine sensible. Et partant
selon leur opinion, elle ne causeroit
que fort peu de difference en l'apparence de ces Estoilles là, dont la plus
grande ne semble pas estre de plus de
cinq secondes en son diametre.

3. Est côsiderable, que les Spheres de
Saturne, Iupiter & Mars, selon l'opinion generale sont de tres-grãde ex-
tension: Et cependant chacune d'elles
est ordonnée seulement pour tourner
sa Planette particuliere, lesquelles ne
sont que fort petites en comparaison
des Estoilles fixes. Or si pour la situation de ces Estoilles fixes, l'on assi-
gnoit vne partie proportionnelle du
Monde, il est certain que leur Orbe
deuroit estre beaucoup plus grand
qu'on ne le suppose communément,
& fort approchant de cette opinion
de Copernic.

4. Nous iugeons ordinairement de
la grandeur des plus hauts Orbes par
leurs differens mouuemens. Comme
par exemple, d'autant que Saturne

finit son cours en trente ans & Iupiter en douze, c'est pourquoy nous at-
tribuons à ces Orbes là vne telle proportion differente en leur grandeur.
Or si par cette regle nous voulions
trouuer la quantité de la huitiéme
Sphere, nous verrions qu'elle approcheroit beaucoup plus de celle que
luy donne Copernic, que de celle que
Ptolomée, Tycho, & autres luy attribuent ordinairement. Car le Ciel des
Estoilles, disent-ils, n'acheue point
son cours à moins de vingt six mille
ans: là où Saturne, qui est le plus prochain d'apres, fait le sien en trente.
D'où il s'ensuiura vray semblablement qu'il y a vne fort grande distance de lieu entre eux, puis qu'ils ont
des termes si differens en leurs reuolutions.

Mais contre cette response au dernier argument, nos aduersaires repliquent ainsi:

1. Si les Estoilles fixes sont si esloignées de nous, que nostre approchement d'elles de 2000000. de lieuës
d'Allemagne ne fait aucune differen-

Fromond.
Vesta.
tract. 5. c. 1.

ce senſible au regard de leur apparence : Doncques la Lunette de Galilée
ne les pouuoit faire paroiſtre d'vne
plus grande forme qu'elles ne ſont à
l'œil ſimplement, ce qui toutesfois eſt
contraire à l'experience commune.

2. D'icy l'on peut inferer que la
moindre Eſtoille fixe eſt plus grande
que tout cét Orbe, dans lequel nous
ſuppoſons que la terre ſe meut : parce qu'il n'y en a pas vne qui ne ſoit de
grandeur ſenſible au regard du Firmament, là où celuy-ci ce ſemble ne
l'eſt pas.

3. Puis que Dieu au commencement
a creé les *Eſtoilles pour l'vſage de tous*
les hommes qui ſont deſſous le Ciel vni-
uerſel. Deuteronome 4. 19. c'auroit
eſté vne marque de quelque defaut
de Prouidence en luy de les auoir
faites d'vne ſi prodigieuſe grandeur:
veu qu'elles euſſent peu auſſi bien
donner leur clarté & leur influence,
& par conſequent eſtre d'auſſi grand
vſage pour la fin à quoy elles eſtoient
ordonnées, s'il les euſt faites plus petites, & les euſt placées plus pres de

nous. Et c'eſt vne maxime generale,
que la Nature en toutes ſes operations euite les choſes ſuperfluës,& ſe
ſert du plus court chemin.

Ie reſpond,

1. A la premiere replique, ſçauoir
ſi la Lunette de Galilée fait paroiſtre
les Eſtoilles fixes plus grandes qu'elles ne paroiſſent à l'œil ſimplement;
cela ne ſe peut pas reſoudre auec certitude, à moins que d'auoir vne auſſi
excellenteLunette que la ſienne pour
en faire l'experience.Mais ſi aux choſes de cette nature nous nous en rap-
portós à l'authorité d'autruy, [a] Kep- ^a Aſtron.
pler nous dit, de l'experience de ceux Coper. lib.
qui eſtoient bien verſez en cette af- 4.c.1.
faire,que plus la Lunette eſt bonne,&
plus lesEſtoilles paroiſſent elles petites au trauers, n'eſtás que comme dés
ſimples poincts, dont les rais de lumiere ſe diſperſent comme cheueux.
Et d'autres affirment communément
que l'Eſtoille Caniculaire, qui ſemble eſtre la plus grande d'entre les E-
ſtoilles de la premiere grandeur, ne
paroiſt pourtant au trauers de cette

Lunette que comme vn petit poinct,
pas plus grand que la cinquantiéme
partie de Iupiter. Delà vient, qu'encore que l'opinion vulgaire tienne
que les Estoilles de la premiere grandeur soient de deux minutes en leur
diametre, & Tycho-Brahé de trois ;
si est-ce que [a] Galilée, qui a esté le
mieux versé en l'experiēce de sa propre lunette, conclud qu'elles ne sont
que de cinq secondes seulement.

à System.
mundi
coll. 3.

2. A la seconde replique, Premierement, nous affirmons que les Estoilles fixes sont d'vne prodigieuse grandeur. Mais quoy qu'il en soit, cét argument n'induit aucune necessité à
nous les faire imaginer estre aussi
grandes que l'Orbe de la Terre. Car
on pourroit aisémēt prouuer, qu'encore qu'vne Estoille de la sixiesme
grandeur ne fust qu'esgale en diametre au Soleil, (qui est assez esloigné
d'estre de la grandeur de l'Orbe de la
Terre :) si est-ce toutesfois que le
Ciel des Estoilles seroit à vne telle
distance de nous, que le mouuement
annuel de la Terre ne pourroit pas

causer

cauſer de difference en ſó apparence.

Poſez que le diametre du Soleil ſoit enuiron d'vn demy degré, ainſi que nos aduerſaires en demeurent d'accord; là où vne Eſtoille de la ſixiéme grandeur eſt de cinquante tierces, ce qui eſt compris dans celuy du Soleil 2160. fois. Or ſi le Soleil eſtoit ſi eſloigné de nous, que ſon diametre ne ſemblaſt que comme vn de ce nombre dont il contient maintenant 2160. il faudroit donc que ſa diſtance de nous fuſt 2160. fois plus grande qu'elle n'eſt maintenant; qui eſt autant que ſi nous diſions, qu'vne Eſtoille de la ſixiéme grandeur eſt ſeparée de nous par autant de demi-diametres de l'Orbe de la Terre. Or ſelon le commun conſentement, la diſtance entre la Terre & le Soleil contient 128. demi-diametres de la Terre, & (comme il a eſté dit cy deſſus) cette ſuppoſée diſtance des Eſtoilles fixes comprend 2160. demi-diametres de l'Orbe de la Terre. D'où il appert manifeſtement que le demi-diametre de la Terre, en comparaiſon de

T

sa distance du Soleil , sera presque
deux fois plus grand que le demi-dia
metre de l'Orbe de la Terre, comparée à cette distance des Estoilles. Or
le demi-diametre de la Terre fait
fort peu de difference en l'apparence
du Soleil, parce que nous voyons que
les obseruations communes sur sa superficie, sont aussi exactement vrayes
à nos sens , que si elles se faisoient de
son centre mesme. C'est pourquoy la
difference qui se feroit en ces Estoilles fixes par le cours annuel de la Terre, seroit beaucoup moins remarquable , ou plustost entierement imperceptible.

En second lieu, la consequence de
cét argument est fondée sur cette
fausse supposition, Que tout corps
necessairement doit estre d'égale ex-
tension à cette distace là d'où il n'apparoist aucune difference sensible en
sa quantité. Tellement que quand ie
voy vn oiseau voler à telle hauteur
en l'air , que mon approchement ou
esloignement de dix ou de vingt
pieds de luy ne le fait point paroistre

à mes yeux ni plus grand ni plus petit : Alors ie pourray conclurre que
cét oiseau là doit estre de dix ou vingt
pieds d'espesseur. Ou si ie voy le corps
d'vn arbre qui peut estre à vn quart
de lieuë de moy, & que mon approchement de trente ou quarante pas
d'iceluy ne me fait point apperceuoir
aucune difference sensible de ce qu'il
me paroissoit auparauant, Ie puis inferer de là que cét arbre a quarante
pas d'espesseur; auec plusieurs autres
semblables consequences absurdes,
lesquelles s'ensuiuroient de ce fondement surquoy cét argument est basti.

3. A la troisiéme replique de nos
aduersaires, Ie respond : Que c'est
vne trop grâde temerité de conclurre qu'vne chose est superfluë, dont
nous n'entendons & ne comprenons
pas l'vsage. Il peut y auoir plusieurs
fins secrettes en cés grands Ouurages
de la Prouidence diuine, où la sagesse
humaine ne peut atteindre : & comme dit Salomon des choses qui sont
sous le Soleil, ainsi le pouuons-nous
dire des choses qui sont au dessus du

Ecclef. 8.
17.

Soleil, *Que nul ne peut comprendre l'œu-*
ure de Dieu, car quoy que l'homme tra-
uaille à la chercher: voire qui plus eft,
Quoy que le fage propofe de la fçauoir, fi
ne la pourra-il trouuer. Celuy qui a le
plus de connoiffance & qui penetre
le plus auant dans les œuures de la
Nature, n'eft pas capable de donner
vne raifon fatisfaifante pourquoy il
falloit que les Planettes ou les Eftoil-
les fuffent placées iuftement à cette
particuliere diftance de la terre où
elles font, & nõ pas plus pres ou plus
loin. Et en outre l'on pourroit auffi
bien alleguer cét argument contre
l'hypothéfe de Ptolomée, ou contre
celle de Tycho, puis que les Eftoil-
les, pour chofe que nous fçachions,
nous euffent pû eftre d'auffi grand
vfage & feruice fi elles euffent efté
placées beaucoup plus pres que ny
l'vn ny l'autre de ces deux Autheurs
les fuppofent eftre. De plus, s'il y
auoit de la force en vne telle confequence, elle conclurroit auffi fortement vn grand defaut de Prouidence
en la Nature, d'auoir fait vne fi grãde

multitude de ces moindres Estoilles
qu'on a depuis peu descouuertes par
le moyen de la Lunette. Car à quel
propos auoir creé tant d'Astres pour
l'vsage de l'homme, puis que ses yeux
ne les sçauroient discerner ? De sorte
que nostre insuffisance à comprendre
toutes ces fins à quoy la Nature a
pû viser, ne peut pas estre vn argument suffisant pour prouuer qu'elles
soient superfluës. Et bien que l'Escriture nous die que ces choses ayēt esté
faites pour nostre vsage, si est-ce que
elle ne nous dit pas que c'en soit là la
seule fin. Il n'est pas impossible qu'il
n'y puisse auoir ailleurs quelques autres habitans, par qui ces moindres E-
stoilles peuuent estre plus clairement
apperceuës. Et comme il a des-ja esté
dit cy-dessus, pouuons-nous pas affirmer touchant la grandeur des Cieux,
ce que nos aduersaires affirment concernant leur mouuement? A sçauoir,
Que Dieu, pour faire voir son immensité, à mis vne espece d'infinité
en la creature.

Il y a encore vn autre argument

a Lib.1.sect 2.cap.1.

a qu'Alexandre Rosse allegue à ce mesme propos, qui n'a point esté mis au rang des precedens, parcequ'à peine ay-je pû croire le bien entendre. Mais puis qu'il le met au front de ses autres argumens comme estant de force & de subtilité suffisante pour marcher à la teste de tout le reste: quoy qu'en son sens le plus vray-semblable il soit si inepte & si ridicule pour estre allegué en vn poinct de controuerse, que le plus chetif nouice en cette science s'en mocqueroit: Ie l'infereray icy en ses propres mots.

b Quod minimum est in circulo debet esse centrum illius, at terra longè minor est Sole, & æquinoctialis terrestris est omnium in Cœlo circulus minimus, ergo, &c.

b *Ce qui est le plus petit dãs le cercle doit estre le centre de ce cercle là. Or est-il que la Terre est beaucoup moindre que le Soleil, & le cercle Equinoctial terrestre est le moindre de tous les cercles qui sont dedans le Ciel, Donc, &c.*

Par cette mesme raison il s'ensuiuroit bien plustost que la Lune ou Mercure seroient au centre, puis que l'vne & l'autre sont moindres que la Terre. Et puis comme ainsi soit qu'il dit que l'Equinoctial terrestre est le plus petit cercle qui soit dedans les

Cieux; cela n'est ni vray ni pertinent, & mesme il feroit douter qu'alleguât vn tel argument, il n'auroit aucune connoissance en Astronomie.

Il y a plusieurs autres obiections semblables à celle-cy qui ne valent pas les citer. Les principales de toutes ont desia esté refutées ; par lesquelles vous pouuez voir qu'il n'y a pas vne si grande necessité comme nos aduersaires pretendent, pourquoy la Terre doiue estre située au milieu de l'Vniuers.

PROPOSITION VII.

Qu'il est bien probable que le Soleil est au centre du Monde.

Es principales raisons pour la confirmation de cette verité, s'inferent de la commodité de cette Hypothese par dessus toute autre ; par laquelle nous pouuons resoudre les mouuemens &

les apparences des Cieux en des causes plus aisées & plus naturelles.

Par ce moyen la Machine de la
Nature sera exempte de la difformi-
té qu'elle a selon le Systeme de Tycho Brahé : lequel bien qu'il mette le
Soleil au milieu des Planettes , si est
ce toutesfois que sans aucune bonne
raison , il le nie estre au milieu des
Estoilles fixes ; comme si les Planettes , qui sont de si eminentes parties
du Monde , estoient ordonnées à se
mouuoir autour d'vn centre distinct
qui leur fust propre , & autre que celuy de l'Vniuers.

Par ce moyen encore nous sommes
affranchis de beaucoup d'inconueniens qui se rencontrent en l'Hypothese de Ptolomée , lequel à supposé
és Cieux des Epycicles & des Excentriques, & autres Orbes qu'il appelle
Defferants de l'Apogée & du Perigée: Comme si la Nature en formant
cette grande machine du Monde se
fust trouuée au bout de ses finesses &
reduite à telle extremité , que d'estre
contrainte de se seruir de rouës & de
vis,

vis, & d'autres semblables instrumens artificiels de mouuement.

Il y a plusieurs autres particularitez par lesquelles cette opinion touchant l'estre du Soleil au centre, se peuuent demonstrer fortement: mais d'autant qu'elles se rapportent aussi à diuers mouuemens, on n'y peut pas proprement insister en ce lieu. Vous les pouuez aisément discerner vous mesme, en considerant toute la fabrique des Cieux, selon le Systeme de Copernic: où toutes les resolutions probables qui y sont données pour diuerses apparences parmy les Planettes, dependent principalement de cette supposition, assauoir que le Soleil est au centre. Lesquels argumens quãd bien il n'y en auroit point d'autres, pourroient abondamment suffire pour la confirmation de cette verité. Mais pour surcoist i'y adjousteray ces probabilitez considerables.

1. Il semble bien conuenable à la raison, que la lumiere qui est diffuse en diuerses Estoilles par la circonference du Monde, doiue estre plus

V

eminemment contenuë, & comme
ramaſſée en ſon centre, ce qui ne peut
eſtre qu'en y plaçant le Soleil.

2. C'eſt vn des argumens de [a] Clauius, & qui eſt frequemment allegué
par nos aduerſaires, Que la ſituation
la plus naturelle du corps du Soleil eſt
au milieu entre les autres Planettes;
& ce pour cette raiſon, afin que de là
il peuſt plus commodément leur departir & ſa lumiere & ſa chaleur. La
force duquel argument, peut eſtre
mieux appliquée à le prouuer eſtre
au centre.

3. Il eſt probable que les Orbes des
Planettes (qui ſont des parties principales de l'Vniuers) tournent autour
du centre du Monde, pluſtoſt qu'autour d'aucun autre centre qui en ſoit
eſloigné. Or il eſt euident que les
Planettes Saturne, Iupiter, Mars, Venus & Mercure, circuiſent par leur
mouuement le corps du Soleil. Doncq-
ques il y a bien de l'apparence qu'il
eſt ſitué au milieu du monde.

Quant aux trois Planettes ſuperieures, l'on remarque qu'elles ſont

a In prim.
ca.Sphær.

touſiours plus proches de la Terre quand elles ſont oppoſées au Soleil: & plus eſloignées de nous quand elles ſont en conjonction auec luy : Et cette difference eſt ſi apparente , que Mars eſtant en ſon Perigée paroiſt ſoixante fois plus grand, que quand il eſt en ſon Apogée & plus eſloignée diſtance.

Or que la reuolution de Venus & de Mercure ſe face auſſi autour du Soleil, cela ſe peut prouuer par les raiſons ſuiuantes. Premierement, parce qu'ils n'en ſont iamais beaucoup eſloignez. Secondement, parce qu'on les voit tantoſt deſſus & tantoſt deſſous le Soleil. Tiercement, parce que Venus ſelon ſes differentes ſituatiós, change ſa forme & ſon apparence comme la Lune.

4. Il y a encore vn autre argument qu'Ariſtote meſme allegue de Pythagore. Le corps le plus excellent doit occuper le meilleur lieu: Or le Soleil eſt le corps le plus excellent, & le centre le lieu le plus digne : donc il eſt vray ſemblable que le Soleil eſt au

centre. En la Machine de la Nature
(qu'on suppose estre de forme Spherique) il n'y a que deux lieux qui
soient de quelque eminence, à sçauoir la circonference & le centre.
La circonference estant d'vne si vaste
capacité, ne peut pas si proprement
estre le siege particulier d'vn corps,
qui en comparaison d'elle est si petit:
& d'ailleurs, ce qui est la plus excellente partie du Monde, doit estre esgalement & conseruée, & partagée
en ses vertus par toutes les autres
parties, ce qui ne se peut faire qu'en
le plaçant au milieu d'elles. Cela
nous est signifié en ce frequent discours de Platon, assauoir que l'Ame
du Monde reside en ses parties plus
internes : & en celuy de ª Macrobe,
lequel accompare souuent le Soleil
dans le Monde, au cœur dans vn animal viuant.

A cet argument, Aristote respond
par vne distinction. Il y a, dit-il, *me-
dium magnitudinis*, ainsi le centre est
le milieu d'vne Sphere : & il y a *me-
dium natura*, ou *informationis*, qui n'est

ª Saturnal.
l. 1. c. 17.
&c.

pas touſiours le meſme auec l'autre;
car en ce ſens le cœur eſt le milieu
d'vn homme, parce que de là (dit-il)
comme du centre, les eſprits vitaux
ſe portent à tous les autres membres:
& neantmoins nous ſçauons qu'il
n'eſt pas le centre de magnitude, ou
en eſgale diſtance de toutes les autres parties.

Et de plus, le milieu eſt le pire lieu,
parce que plus circonſcript, puis
que ce qui limite quelque choſe eſt
plus excellent que ce qui eſt limité.
C'eſt pour cette raiſon que la matiere eſt entre les choſes qui ſont termi-
nées, & la Forme, ce qui circonſcript.

Mais à cette reſponce d'Ariſtote
nous repliquons:

1. Qu'encore qu'il ſoit veritable
qu'aux animaux la meilleure & principale partie n'eſt pas touſiours placée iuſtement au milieu; neantmoins
la raiſon en peut eſtre, parce qu'ils ne
ſont pas de forme Spherique comme
eſt le Monde.

2. Bien que ce qui termine vne autre choſe ſoit plus excellent que la

Keppler.
Aſtron.
Copern.
lib. 4. par. 2.

chose terminée : cela ne prouue pas
neantmoins que le centre soit le pire
lieu, parce que c'est vn des termes ou
limites d'vn corps rond, aussi bien
que la circonference.

Il y a encore d'autres argumens à
ce propos, sur lesquels quelques celebres Astronomes insistent fort, pris
de cette proportió harmonique qu'il
peut y auoir entre la diuerse distance
& grandeur des Orbes, si nous supposons le Soleil estre au centre.

Car selon cette opinion (disent-
ils) nous pouuons conceuoir vne excellente harmonie, tant au nombre
qu'en la distance des Planettes : (&
si Dieu a fait toutes choses *par nombre
& par mesure*, beaucoup plus donc ces
grands ouurages les Cieux:) car alors
les cinq corps Mathematiques dont
Euclide parle tant, auront en eux vne
proportion correspondante aux di-
stances diuerses des Planettes les
vnes des autres.

Ainsi vn Cube mesurera la distance
entre Saturne & Iupiter: vn Pyramide ou Tetraëdre, la distance entre Iu-

piter & Mars : vn Dodecaëdre, celle
d'entre Mars & la Terre ; vn Icosaë-
dre, celle d'entre la Terre & Venus ;
& vn Octoëdre, celle d'entre Venus
& Mercure : c'est à dire, que si nous
nous imaginons vne circonference
descrite immediatement hors le Cube & vne autre dedans, la distance
d'entre ces deux monstrera quelle distance proportionnelle il y a entre
l'Orbe de Saturne & celuy de Iupiter.
De mesme aussi si vous vous imaginez vne circonference descrite au de-
hors d'vn Pyramide ou Tetraëdre, &
vn autre dedans, cela monstrera vne
telle distance proportionnelle qu'il y
a entre l'Orbe de Mars & celuy de
Iupiter. Et ainsi du reste.

Or si quelqu'vn demande, pourquoy il n'y a que six orbes des Planettes, Keppler respond : *Parce qu'il ne
faut pas qu'il y ait plus de cinq proportions, tout autant qu'il y a de corps regu-
liers és Mathematiques, dont les costez
& les angles sont esgaux les vns aux autres.* Or six termes accomplissent le
nombre de ces proportions ; & par

ue son cours en vn an.

Le premier est ordinairement appellé, *Motus reuolutionis* : le second,
Motus circumlationis. Il y en a aussi vn
troisiéme, que Copernic appelle *Motus inclinationis* : mais ce dernier estant
bien consideré, ne peut proprement
estre qualifié mouuement, mais plustost immobilité, estant ce parquoy
l'Axe de la Terre demeure tousiours
paralelle à soy mesme, de laquelle situation, son cours annuel ne peut en
la moindre façon du monde la diuer-
tir, ou l'en faire decliner.

Quant aux difficultez qui concernent le second de ces mouuemens, il
en a desia esté traicté en la sixiéme
Proposition, où l'Eccentricité de la
Terre a esté maintenuë.

Tellement que la principale chose
que nous auons à faire en ce chapitre
est de defendre le mouuement Iournalier de la Terre, contre les Obiections de nos aduersaires. Plusieurs
desquelles (à ne point mentir) sont
assez plausibles, & mesmes ont semblé tres efficaces, puis qu'Aristote,

Ptolomée , & autres personnages
doüez d'excellentes parties & d'vn
profond iugement , se sont fondez
sur elles , comme estans d'vne consequence infaillible & necessaire.

Ie les deduiray icy à part & separément, & donneray responce à chacune en telle sorte, que i'espere que tout
homme qui recherche la verité sans
passion, y trouuera dequoy se satisfaire.

1. Premierement donc, on obiecte
de nos sens, Que si la Terre se mouuoit , nous nous en apperceurions.
Les Montagnes Occidentales paroi-
stroient alors s'esleuer vers les Estoilles , plustost que non pas les Estoilles
s'abbaisser sous elles.

Ie respond , que la veuë iuge du
mouuement selon que quelque chose
quitte le plan sur lequel elle est assise:
lequel plan gardant par tout la mesme situation & distance, au regard de
l'œil, luy semble pour cette cause immobile ; & le mouuement paroistra
en ces Estoilles & en ces parties du
Ciel par lesquelles la ligne verticale

passe.

La raison de cette mesprise peut estre celle-cy: c'est que le mouuement n'estant pas le propre obiet de laveuë ny n'appartenant à aucun autre sens particulier, c'est au sens commun à en iuger, lequel en ce regard est suiet à se mesprendre : parce qu'il conçoit que l'œil mesme reste immobile, pendant qu'il ne sent aucuns effects de ce mouuement au corps: comme il en est lors qu'vn homme est porté dans vn Nauire : de sorte que le sens n'est que vn mauuais iuge des secrets naturels. Platon en ce poinct donne vne bonne reigle ; Vn Philosophe, dit-il, ne se doit pas laisser emporter à l'apparence nuë des choses qui apparoissent à l'œil , mais les doit examiner par la raison. Si c'estoit vne bonne consequence de dire ; la Terre ne se meut point, parce que nous ne l'apperceuons point mouuoir : nous pourrions aussi bien conclurre qu'elle se meut , lors que nous sommes sur l'eau & que les riuages semblent s'enfuir, selon le dire du Poëte.

A mesure que nos Vaisseaux
Quittent le port & nous emmenent,
Vous diriez qu'à nos yeux les villes se
    promenent,
Et que la terre fuit plus viste que les
    eaux.

Prouehi-
mur portu,
terræque,
vrbclque
recedunt.

Ou si tels argumens auoient lieu, il seroit fort aisé de prouuer que le Soleil ne seroit pas plus grand qu'vn chapeau, ou les Estoilles fixes pas si grandes qu'vne chandelle.

Mais, disent quelques-vns de nos aduersaires, si les mouuemens des Cieux sont seulement apparens & non reels ; le mouuement des nuées le sera donc aussi, puis que la veuë se peut aussi bien tromper en l'vn qu'en l'autre.

a Al. Ross.
l. 1. sect.
1. c. 1.

Ie respons, que c'est comme s'il inferoit que le sens s'est mespris en toutes choses, parce qu'il y luy est arriué de se mesprendre en quelqu'vne : & ce seroit là vn excellent argument pour prouuer l'opinion d'Anaxagore, assauoir que la Neige est noire.

La raison pourquoy ce mouuement qui est causé par la Terre paroist com-

me s'il eſtoit aux Cieux, eſt parce que
le ſens commun, en iugeant du mouuement, conçoit que l'œil eſt immobile (comme il a eſté dit cy deſſus) n'y
ayant point de ſens qui diſcerne les
effects d'aucun mouuement au corps;
& partant il conclud que toute choſe ſe meut, qu'il apperçoit s'eſloigner
de luy : Tellement que quelquesfois
les Nuës ne ſemblent pas ſe mouuoir,
quand nonobſtant elles ſont portées
par tout çà & là auec noſtre Terre,
par vne reuolution ſi rapide : Ce qui
n'empeſche pourtant pas que nous ne
puiſſions iuger droitement de leurs
autres mouuemens particuliers, pour
leſquels il n'y a pas meſme raiſon.
Quoy qu'à vn homme qui eſt dans vn
Batteau, les arbres & les riues luy ſemblent ſe mouuoir : ſi eſt-ce neâtmoins
que ce ſeroit vn foible argument de
conclurre de là, qu'vn tel homme ne
pourroit pas dire ſi ſon amy qu'il
voit ſe promener de coſté & d'autre
dans le vaiſſeau, ſe remueroit reellement ou non : ou qu'il ſe pourroit
auſſi bien tromper en iugeant que les

Rames remuent quand elles ne remuent point.

Ils repliquent derechef, qu'il n'est Rosse ibid.
pas croyable que l'œil se peust tromper en iugeant des Estoilles & des
Cieux; parce qu'estant des corps lumineux, ils sont les principaux & les
propres obiects de ce sens là.

Ie respond; qu'ici la mesprise n'est
pas touchant la lumiere ou la couleur
de ces corps là, mais touchant leur
mouuement, qui n'est ny le principal,
ni le propre obiet de la veuë, mais est
conté entre l'Obiect commun.

2. Vn autre commun argument que
nos aduersaires alleguent contre le
mouuement de la Terre, se prend du
danger qui en pourroit arriuer à tous
les hauts edifices, qui par ce moyen
feroient bien tost ruinez, & esparpil-
lez çà & là.

Ie respond; Qu'on presuppose que Copernic.
ce mouuement est naturel: & les cho- lib. 1. c. 8.
ses qui sont selon la nature, ont des
effects contraires aux autres choses
qui se font par force & par violence.
Or il appartient aux choses de cette

derniere sorte d'estre inconstantes &
dommageables ; au lieu que celles de
la premiere doiuent estre regulieres
& tendantes à conseruation. Le
mouuement de la Terre est tousiours
esgal & semblable à soy, & ne se fait
pas par secousses & par efforts. Et si
vn verre plein de vin se peut tenir assez ferme dans vn vaisseau, lors qu'il
vogue auec vistesse sur la Mer calme
& vnie ; beaucoup moins donc le
mouuement de la Terre (lequel est
plus naturel & par consequent plus
esgal) causera-il aucun danger aux
bastimens qui sont erigez dessus. Et
partãt de craindre vn tel euenement,
ce seroit faire comme Lactance, qui
ne vouloit point auoüer qu'il y eust
des Antipodes, de peur d'estre contraint d'accorder qu'ils tomberoient
dans les Cieux. Nous aurions autant
de suiet d'auoir peur des hauts edifices si tout le Monde superieur se tournoit d'vne si prodigieuse vistesse,
comme nos aduersaires supposent:
car alors il y auroit bien peu d'espe-
rance que ce petit poinct de Terre
deust

Gilbert. de
Magn. l. 6.
c. 3.

deuſt eſchapper d'eſtre entraiſné auec le reſte.

Mais poſé (dit Roſſe) que ce mou-uement fuſt naturel à la Terre : ſi n'eſt-il pas naturel aux Villes & aux Baſtimens, car ceux-ci ſont artificiels.

A quoy ie reſpon : Ha, ha, he.

3. Vn autre argument à ce propos, ſe prend du repos & de la tranquilité de l'air qui eſt à l'entour de nous : ce qui ne pourroit pas eſtre, ſi la Terre ſe tournoit de telle rapidité. Si vn homme, monté ſur vn cheual qui court de toute ſa force, ſent l'air bat-tre contre ſon viſage comme s'il fai-ſoit vn grand vent, quelle furieuſe tempeſte ſentirions-nous continuel-lement venir de l'Orient, ſi la Terre tournoit d'vne reuolution ſi rapide comme l'on ſuppoſe?

A ceci on a accouſtumé de reſpon-dre, que l'air auſſi eſt emporté par le meſme mouuement de la Terre. Car ſi la concauité de l'Orbe de la Lune, qui eſt d'vne ſuperficie ſi polie & ſi gliſſante, peut rauir & entraiſner quant & ſoy (ſelon que le tiennent

Y

nos aduerſaires) la plus grand partie
de ce Monde Elementaire: toutes les
regions du Feu, & toutes les vaſtes
regions ſuperieures de l'air, & meſme (ſelon qu'aucuns d'eux le veulent)
les deux baſſes regions, & la Mer auſſi: car de là vient, dit Roſſe, qu'entre
les Tropiques il y a perpetuellement
vn vent d'Orient, & vn flux continuel
de la Mer vers l'Occident: Si le mouuement des cieux, di-ie, qui ſont des
corps polis, peut eſtre capable d'entraiſner quant & ſoy vne ſi grande
partie de ce Monde Elementaire: ou
ſi les parties raboteuſes du corps de
la Lune peuuent rauir & faire tourner quant & elles vne ſi grande partie de l'Air, ainſi que ª Fromondus
l'affirme: beaucoup plus donc noſtre
Terre, qui eſt vn corps raboteux &
montueux, doit-il eſtre capable de
tourner quant & ſoy vne ſi petite partie du Monde, comme eſt l'air nua-
geux qui le ioint immediatement.

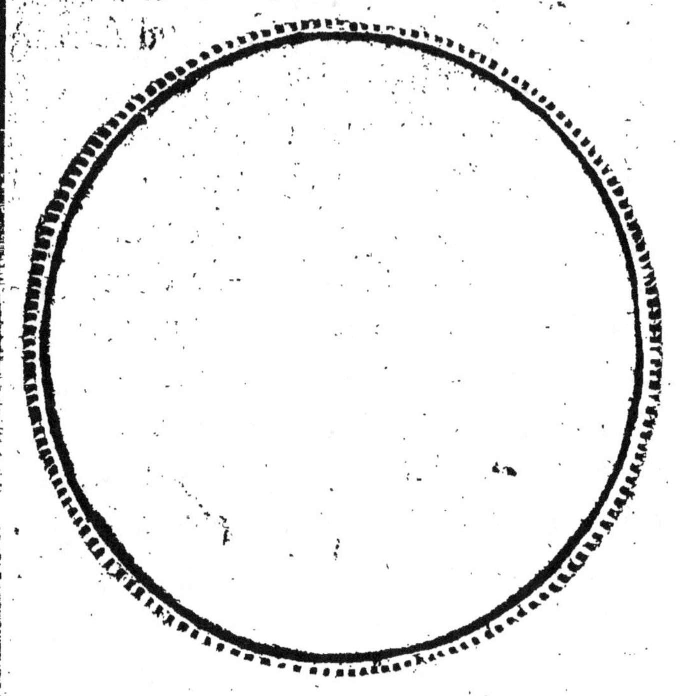

Posez que le cercle interieur represente la Terre, & le cercle exterieur
l'espesseur de l'Air qui l'enuironne.
Or il est aisé à conceuoir que la reuolution d'vn si grand corps, comme
est ce Globe de la Terre, peut tourner
& entraisner quant & soy par son
simple mouuement (quand il n'y auroit autre chose) vne si petite partie
de l'air qui en est proche, comme il
est icy representé : & neantmoins

Y ij

1. La disproportion entre l'espesseur de la Terre & cet Orbe d'Air, est
beaucoup plus grande qu'on ne pouuoit representer en la figure, n'e-
stant que comme vingt milles, (qui
est au plus l'espesseur de cet air là,)
à 3456. milles, qui est le demi-diametre de nostre Terre, & par consequent n'est que comme vn nombre
insensible au prix de l'autre.

2. Outre le simple mouuement de
la Terre, laquelle selon toute probabilité (estant vn corps si plein de gi-
bositez) pourroit suffire pour en-
trainer quant & soy vne si petite partie de l'Air : il y a encore, ainsi que
nous estimons, vne vertu magnetique qui en procede, par laquelle elle
est renduë plus capable de faire obseruer à toutes les choses qui l'auoisi-
nent cette mesme reuolution.

a Lib.1.sect
1.cap.5.

Mais si ainsi est, dit le mesme a Rosse,
que non seulement l'homme, mais le
milieu aussi, & l'objet soient meus:
cela deuroit necessairement estre vn
si grand empeschement à la veuë, que
l'œil ne pourroit pas iuger exacte-

ment d'aucune chose. Car posé que
l'homme seul fust en action & se re-
muast, il ne pourroit pas si bien voir
que s'il se tenoit coy : mais si non seu-
ment l'homme, mais aussi ses Lunet-
tes & son liure se remuoient tous ensemble, il ne pourroit pas distincte-
ment discerner aucune chose.

Ie responds à cela, que la consequence seroit pertinente, si toutes ces choses se mouuoient diuersement : mais
si le sujet, & le milieu, & l'objet
estoient tous emportez d'vn mesme
& esgal mouuement, comme on le
suppose icy, il n'empescheroit en façon du monde l'acte de la veuë, mais
seroit tout vn auec le reste : pource
que par ce moyen ces choses ne seroient point separées l'vne de l'autre,
& par consequent les especes ne seroient point destourbées ni empeschées. Ce dire de Galilée est excellent,
& pourra seruir à resoudre plusieurs
doutes de cette nature: *Le mouuement
opere seulement comme mouuement, lors
qu'il a relation aux choses qui n'en ont
point, mais il n'opere point du tout dans*

Syst. mun-
di collo 2.
Motus ca
tenus tan-
quàm mo-

les choses qui en participent en leur tout esgalement, & y est consideré comme s'il n'y en auoit point.

4. Vn autre argument qu'on alle-gue encor contre ce mouuement cir-culaire de la Terre, est fondé sur ce commun principe parmy les Secta-teurs d'Aristote : a *Qu'vn corps simple n'a qu'vn seul mouuement.* Or la Terre & l'Eau ont vn mouuement qui tend directement en bas; & l'Air vn mou-uement qui tend directemēt en haut: & partant ni l'vne ni l'autre ne peut auoir de mouuement circulaire qui luy soit naturel.

Ie responds à cela. Premierement, que ces mouuemens droits des corps elementaires, appartiennent seule-ment à leurs parties, & cela mesme lors qu'elles sont hors de leur propre lieu ; tellement que le tout auquel el-les appartiennent, peut nonobstant cela auoir vn mouuement qui luy est propre. Mais en second lieu ce qu'A-ristote appelle icy vn principe, ne subsistera pas auec les autres expe-riences euidentes en la Nature. Com-

tus opera-tur, quate-nus rela-tionem ha-bet ad res quæ ipso distituun-tur, in ijs verò rebus, quæ totæ æqualiter de eo par-ticipant,ni-hil opera-tur, & ita se habet ac si nullus es-set.
a Vnus cor-poris sim-plicisvnum tantum est motus.

me par exemple, quoy qu'vne pierre
d'Aimant au regard de fa matiere &
de fa denfité, tende naturellement en
bas : toutesfois cela n'empefche pas
qu'au regard de quelqu'autres qualitez, comme fon defir d'vnion & coï-
tion à vne autre pierre d'Aimant, elle ne fe puiffe auffi mouuoir naturellement vers haut. D'où il s'enfuiura
qu'vn mefme corps elementaire peut
auoir diuers mouuemens naturels.

5. On objecte encor, que la pefan- Obiection.
teur & la grandeur de ce Globe de la
Terre, la rendent tout à fait incapable d'vn fi rapide mouuement.

Ie refpond, Premierement, que la Refponce.
pefanteur ne fe peut appliquer qu'à
ces corps là feulement qui font hors
& detachez de leur propre lieu, ou
aux parties qui font feparées de leur
tout, auquel elles appartiennent. Et
partant le Globe de la Terre, confide-
rée comme entiere & comme en fon
propre lieu, ne fe peut pas dire veritablement pefante. Ie ne nie pas que
la Terre naturellement, comme auffi
les autres Planettes ne foient mal

propres au mouuement, à cause de
la matiere & de la densité de leurs
corps : Et comme l'est aussi veritablement (quoy que non pas en mesme
degré) la moindre particule d'vne
condensée substance materielle : de
sorte qu'on ne peut pas raisonnablement pretendre cecy comme vn iuste
empeschement qui rende la Terre incapable d'vn tel mouuement. En second lieu, combien que ce Globe soit
d'vne si vaste grandeur ; si est-ce que
comme la Nature a donné à d'autres
animaux (côme par exemple à l'Ai-
gle & à la Mouche) des forces & des
vertus motrices proportionnées à
leur diuers corps : de mesme peut-elle auoir doüé la Terre d'vne faculté
mouuante, qui correspond à sa grandeur. Ou si cela peut rendre la Terre
incapable d'vn mouuement si prompt
& si subit, comme on le suppose estre:
beaucoup plus donc les Cieux seront
ils rendus incapables de cette plus
grande rapidité qu'on s'imagine estre
en eux. Ie pourrois encore adiouster,
qu'on remarque que le Globe du Soleil

leil & celuy de Iupiter, se meuuent
autour de leurs propres centres: & par
conséquent la Terre, qui est beaucoup
plus petite que l'vn ou l'autre de ces
deux Planettes, n'est point renduë incapable, à raison de sa trop grande
estenduë, d'vne telle reuolution. En
troisiéme lieu, quant à la vistesse du
cours de la Terre, (toutes circonstan-
ces bien côsiderées) il n'excede point
la celerité de quelques autres mouuemens dont nous auons connoissance, comme le mouuement des Nuées,
quand nous les voyons poussées par
vn vent impetueux; & comme celuy
d'vn Boùlet qui est tiré d'vn canon,
lequel en l'espace d'vne minute est
porté quatre milles loin : Ou comme
vn [a] autre a obserué, la quinziéme
partie d'vne lieuë d'Allemagne, dans
l'espace d'vn second scrupule d'heures : qui est vn aussi prompt mouuemét qu'en puisse auoir aucun poinct
dans l'Equinoxial de la Terre. Et
quoy qu'vn Boullet soit beaucoup
plus lent en son mouuement à vne
plus grâde distance, si est-ce que pour

Maestlin.
præf. ad
Narrat.
Rhet,

[a] Fromon.
Vesta. tract
1. cap. 3,

Z

vn si petit espace, pendant que la force de la poudre est en sa vigueur, il
egale la vistesse de la Terre. Et neantmoins,

1. Vn Boullet ou vne Nuée sont
portez tous entiers, estans contraints
de se fendre le passage au trauers de
l'Air qui les enuironne : mais icy la
Terre (au regard de ce premier mouuement) demeure tousiours en mesme situation, & ne se meut qu'autour
de son propre centre.

2. Le mouuement d'vn Boullet est
vn mouuement violent, & contre sa
nature, ce qui l'incline puissamment
à se mouuoir vers bas : Au lieu que la
Terre estant consideree comme entiere & en sa propre place, n'est
point pesante, ni ne contient en soy
aucune repugnance au mouuement
circulaire.

6. Le principal argument sur lequel nos aduersaires insistent le plus,
est cettuy-ci. Si la Terre (disent-ils)
auoit vn mouuement tel que l'on suppose : ces corps là qui en sont separez en l'Air, en seroient abandonnez.

Aristot. de Cœlo lib. 2. cap. 13.

Les Nuées sembleroient se leuer & se coucher comme les Estoilles. Les Oyseaux seroient trãsportez hors de leur nid. Nul corps pesant ne pourroit pas tomber perpendiculairement. Vn dart ou vn Boullet de canon estant tiré de l'Orient vers l'Occident par vne violence esgale, ne seroit point emporté à vne esgale distance de nous, mais par la reuolution de nostre Terre nous ratteindrions celuyqui auroit esté tiré à l'Orient, auant qu'il peust tomber à terre. Si vn homme sautant en haut demeuroit seulement en l'Air vne seconde, ou soixantiéme partie d'vne minute, la Terre pendant cette espalà se retireroit de luy pres d'vn quart de mille. Toutes ces estranges inferences & plusieurs autres semblables, lesquelles sont directement contraires à nos sens & à l'experience, s'ensuiuroient de ce mouuement de la Terre.

Il y a trois diuers moyens dont ordinairement on se sert pour resoudre ces sortes de doutes.

Z ij

1. Des qualitez magnetiques dont tous corps elementaires participent.

2. De semblables mouuemens d'autres choses dans la chambre d'vn Nauire sous la voile.

3. De pareille participation de mouuement, és parties libres & ouuertes d'vn Nauire.

1. Quant à ces proprietez magnetiques dõt tous ces corps sont doüez: Pour plus claire intelligence vous deuez sçauoir, qu'outre ces communes qualitez elementaires de chaleur, de froideur, de seicheresse, & d'humidité, &c. qui naissent de la predominance de diuers Elemens; il y a aussi d'autres qualitez (qui n'estoient pas si bien connuës aux Anciens) que nous appellons magnetiques, dont participe necessairement chaque particule de ce Globe terrestre. Et soit qu'elle soit jointe à ce Globe par continuité ou contiguité, ou qu'elle en soit separée, comme sont les Nuées en la seconde region, ou comme vn oiseau, ou vn boulet de canon en l'air : si retient-elle tousiours ses qualitez ma-

gnetiques, auec toutes les autres operations qui en procedent.

Or de ces proprietez ſuſdites, procede, ainſi que nous eſtimons, le mouuement circulaire de la Terre.

Que ſi vous demandez comment
l'on peut prouuer que la Terre ſoit
doüée de ces qualitez là. Ie reſpond,
qu'il y a bien de l'apparence que les
plus baſſes parties du Globe de la terre ne ſont pas d'vne terre ſi meuble
& ſi fertile que celle qui eſt en ſa ſur-
face (parce qu'elle n'y ſeroit d'aucun
vſage, & que la Nature ne fait rien
en vain :) mais eſt pluſtoſt de quelque ſubſtance dure & pierreuſe, puis
que nous pouuons conceuoir aiſément que ces plus baſſes parties ſont
preſſées & reſſerrées par le poids de
tous ces corps peſans qui ſont ſur elles. Or il eſt probable que cette ſubſtance pierreuſe eſt pluſtoſt vne pierre d'Aimãt, qu'vn Iaſpe, vn Diamant,
vn Marbre, ou quelqu'autre choſe
ſemblable : parce que l'experience
nous apprend, que la Terre & l'Aimant conuiennent en quantité de

proprietez. Posez qu'vn homme eust
à iuger de la matiere de diuers corps,
enueloppez chacun dãs quelque chose qui les cachast de sa veuë, en telle
sorte qu'il ne les peust examiner que
par quelques autres signes externes:
Si en cét examen, di-je, il trouuoit
que quelque corps particulier eust
toutes les proprietez qui appartiennent à la pierre d'Aimant, il le conclurroit auec raison estre de cette nature là plustost que d'aucune autre.
Or il y a tout autant de raison d'inferer, que les parties internes de la
Terre soient d'vne substance magnetique. L'accord & la conuenance entre l'vne & l'autre, est declarée à plein
fonds dans le Traitté qu'en a fait le
Docteur Gilbert, que vous pouuez
voir. I'en allegueray seulement vn
exemple, qui de soy-mesme pourra
demonstrer suffisamment que le Globe de la Terre participe à de pareilles affectiõs que l'Aimant. L'on peut
obseruer en l'eguille de la Boussole,
les mouuemens magnetiques de *direction*, de *variation*, & de *declinaison*:

dont les deux derniers se trouuent
estre differens selon la diuersité des
lieux. Or cette difference ne peut
proceder de l'esguille, parce qu'elle est tousiours la mesme en tous
lieux. Aussi ne pouuons nous pas
bien conceuoir non plus, comment
cette difference là seroit causée par
des Cieux : car alors la variation ne
seroit pas tousiours semblable, mais
diuerse, selon les diuerses parties
du Ciel qui à diuers temps se trou-
ueroient estre au dessus : Et partant
il faut necessairement qu'elle procede de la Terre, laquelle estant doüée
d'affections magnetiques, dispose diuersement les mouuemẽs de l'esguille, selon la difference de cette vertu
disposante qui est en ses diuerses parties.

Or pour appliquer cecy aux exemples particuliers de l'Objection: Nous
disons, qu'encore que quelques parties de ce grand Aimant la Terre,
puisse quant à leur matiere estre separées de leur tout ; si est-ce qu'elles
y sont jointes par communion de ces

mesmes qualitez magnetiques ; &
n'obseruent pas moins ces sortes de
mouuemens quand elles sont separées
de leur tout, que si elles y estoient
vnies. Et ne doit pas sembler incroyable qu'vn Boulet de canon, dans vn
cours si rapide & si violent, soit capable d'obseruer cette reuolution magnetique de la Terre entiere : puis
que nous voyons que ces gråds corps
de Saturne, de Iupiter, & autres, sus-
pendus en ces vastes espaces de l'Air
etheré, se meuuent si constamment &
si regulieremét en leur cours ordonné. Quand bien nous ne pourrions
pas monstrer aucun exemple de cette
sorte de mouuement en ces corps inferieurs : si faut-il que nous sçachions
qu'il y a beaucoup de choses qui conuiennent à la masse entiere, qu'on ne
sçauroit apperceuoir en ses diuerses
parties. C'est vne chose naturelle à la
mer d'auoir son flux & reflux, mais
neantmoins, ce mouuement ne se
trouue pas en chaque goutte ou sceau
d'eau. De mesme si nous considerons
chaque partie de nostre corps, comme

me les humeurs, les os, la chair, &c.
elles ont toutes vne aptitude & inclination à tendre en bas, comme estans
d'vne substance condensée; mais toutesfois considerez les selon la fabrique entiere, & alors le sang ou les humeurs peuuent naturellement monter à la teste, aussi bien que de descendre aux parties basses. Ainsi la Terre entiere se peut mouuoir circulairement, bien que ses diuerses parties n'ayent aucune telle reuolution
particuliere de leur propre. De mesme, quoy que chaque corps condensé
estant consideré à part & separément,
puisse paroistre n'auoir qu'vn mouuement tendant en bas; si est-ce qu'au
regard de la Masse entiere de laquelle
il fait partie, il peut aussi participer
à vn autre mouuement qui luy peut
estre naturel.

Mais on pourra icy obiecter: quand Objection
bien la Terre seroit doüée de ces affections magnetiques; quelle apparence y auroit-il qu'elle deust auoir
vn tel mouuement ? Ie responds, Response
Qu'on remarque que ces autres corps

Aa

magnetiques de Saturne, Iupiter, &
le Soleil, se tournent à l'entour de
leurs propres centres ; & partant il
n'est pas incroyable qu'il n'en puisse
estre aussi de mesme de la Terre. Et
si quelqu'vn le veut nier, il faut qu'il
donne quelque raison pourquoy c'est
qu'en ce regard ils doiuent estre dis-
semblables.

Objection.   Oüy, mais diront encore nos aduersaires, quand bien la Terre tour-
neroit circulairement, quel fondement auons nous pour affirmer que
les corps qui en sont separez, comme
vn Boullet de canon ou les Nuées, la
deussent suiure en sa course?

Responce.   Ie respons, Que les taches que l'on
descouure autour du Soleil, & qu'on
croit estre des nuées ou des euapora-
tions de son corps, s'obseruent estre
emportées selon sa reuolution. Ainsi
la Lune est tournée par nostre Terre:
& les quatre moindres Planettes par
le corps de Iupiter. Et mesmes toutes les Planettes en leurs diuers Orbes, sont ainsi tournées par la reuolution du Soleil, sur son propre Axe,

dit Keppler: & partant beaucoup plus
le peut estre vne fleche ou vn Boullet
de Canon par le mouuement magnetique de nostre Terre.

Le second moyen par lequel quelques-vns respondent aux exemples
de cet argument, est, en faisant voir
de semblables mouuemens en d'autres choses dans quelque lieu ou chā-
bre d'vn Nauire sous la voile. Ainsi
l'experiéce nous apprend (disent-ils)
qu'vne chandelle, comme aussi la fumée qui en procede, garde tousiours
la mesme situation dans la plus grande vistesse d'vn Nauire aussi bien que
si le nauire estoit immobile; & la flame n'inclinera pas plus d'vn costé que
d'autre, ny ne sera troublée d'aucune
agitation, mais bruslera aussi droitement & aussi tranquillement que si le
Nauire estoit arresté. De plus, disent ceux qui sont versez en ces sortes d'experiences, on trouue qu'vne
mesme & esgale force, ne iettera vn
corps qu'à vne mesme & esgale distance, soit que le corps ainsi ietté se
meuue auec, ou contre le mouue-

A a ij

ment du Nauire. Comme auſſi qu'vn
poids qu'on laiſſeroit tomber d'en
haut, deſcendroit en ligne auſſi vrayement perpendiculaire, que ſi le nauire ne bougeoit d'vne place.　Si vn
hôme ſautant en haut tarde en l'Air
l'eſpace d'vne ſeconde, le Nauire ne
ſera point emporté (comme il le deuroit ſelon le calcul de nos aduerſaires) au moins à quinze pieds de luy.
Ou ſi nous nous repreſentôs vn homme ſauter dans vn tel Nauire, il ne
ſautera pas plus loin en ſautant contre le mouuement dudit Nauire, que
s'ils ſautoit auec ledit mouuement:
Toutes leſquelles particularitez font
voir manifeſtement, que ces choſes
font emportées enſemblement par le
commun mouuement du Nauire. Or
ſi des corps peuuent ainſi eſtre meus
conioinctement, par vn tel mouuement qui eſt outre nature ; beaucoup
plus donc accompagneront ils la Terre en ſa reuolution iournaliere, que
nous ſuppoſons leur eſtre naturelle,
& comme vne Loy qui leur eſt impo-
ſée de par Dieu en leur premiere
creation.

Si la flame d'vne chandelle, ou la
fumée qui en sort, (choses qui sont si
mobiles & si aisées à agiter) sont
neantmoins emportées si esgalement
& sans aucun détourbier, par le mouuement d'vn Nauire : Donc aussi les
Nuées en l'air , & tous autres corps
legers , peuuent fort bien estre tournez & emportez par la reuolution de
nostre Terre.

Si vne mesme & esgale force ne
iette vn corps pesant qu'à vne mesme & esgale distance, soit que ce corps
là se meuue auec ou contre le mouuement du Nauire : Donc , nous pouuons aisément conceuoir qu'vne flé-
che ou vn Boullet de canon estant tiré auec mesme violence , ne passera
que ce mesme espace sur la Terre, soit
qu'il soit tiré vers l'Orient , ou vers
l'Occident.

Si vn corps pesant, pendant que le
Nauire se meut de grande vistesse,
tombe en bas en ligne droite ; la reuolution de nostre Terre ne pourra
donc pas empescher vne cheute perpendiculaire.

Si vn homme ſautant en haut dans vn Nauire peut demeurer en l'Air l'eſpace d'vne ſeconde ou ſoixantiéme partie d'vne minute, & que ce Nauire neantmoins en ſa plus grande viſteſſe ne ſe retire point de luy de quinze pieds: Donc, noſtre Terre durant cet eſpace là ne ſe retirera point de luy pres d'vn quart de mille, comme le veulent nos aduerſaires.

Mais à l'encontre de cecy l'on obiecte, Que la Terre a la ſimilitude d'vn Nauire ouuert, & non pas d'vne chambre cloſe. Et qu'encore qu'il ſoit veritable que quand le toict & les parois meuuent tous enſemble, il faut que l'air qui y eſt enclos ſoit emporté auec le meſme mouuement: ſi eſt-ce qu'il n'en eſt pas de meſme de la Terre, parce qu'elle n'a point de telles Parois ou Toict, dans quoy elle puiſſe contenir & emporter le milieu quant & elle. Et partant l'experience fait pluſtoſt contre cette ſuppoſée reuolutió. Ainſi on remarque que ſi on laiſſoit cheoir vne pierre du haut du maſt d'vn Nauire qui chemineroit

Fromondus Veſta. tract 2. cap. 2.

auec viſteſſe, cette pierre ne deſcendroit point au meſme poinct qu'elle
feroit ſi le Nauire eſtoit arreſté. D'où
il s'enſuiura, que ſi noſtre Terre auoit
vn tel mouuement circulaire ; nul
corps peſant qu'on laiſſeroit cheoir
de quelque tour où autre lieu eſleué
ne deſcendroit au meſme poinct de
Terre qui auroit eſté droit deſſous
quand on l'auroit laiſſé aller.

A cela nous reſpondons: que l'Air
qui ſe meut auec noſtre Terre eſt auſſi bien limité dans de certaines bornes, que celuy qui eſt enclos dans vne
chambre. Si vous demandez où ces
bornes ſe terminent ; Ie reſpons, que
ce n'eſt ni par les extremitez du monde, ny encor par la concauité de l'orbe de la Lune (ainſi que Fromondus
le nous voudroit faire affirmer) mais
par l'Orbe d'air groſſier qui enuironne noſtre Terre : ou ce qui eſt la meſme choſe, par la Sphere de la vertu
magnetique qui en procede. Et en
outre, eſt conſiderable que tous corps
terreſtres ne ſont pas ſeulement contenus dans ces limites icy , comme

sont les choses dans vne chambre clo-
se, mais aussi comme parties de ce tout
auquel ils appartiennent.

2. Quoy que le rauissement du milieu peut souldre le mouuemêt des
corps legers dans vn Nauire, comme
la flame d'vne chandelle, la fumée,
ou autre chose semblable ; si est-ce
que cela ne peut concourir auec ce
qui a esté dit des corps pesans, comme d'vn homme sautant en haut, ou
d'vn Boullet tombant en bas, puis
que ce n'est point le mouuement de
l'Air simplement qui soit capable de
les rendre participâs du mesme mouuement auec le Nauire. A cet argument qu'il allegue de l'experience
d'vne pierre tombant du haut d'vn
Nauire en plein air : Nous répondôs,

Premierement, qu'encore que l'e-
xemple d'vn Nauire puisse seruir côme de preuue pour cette opinion,
estant vn argument *à minori ad majus,*
d'vn mouuement accidentel à vn
mouuement naturel ; si est-ce qu'il ne
peut seruir contr'elle. Car bien qu'il
n'en fust pas ainsi és mouuemens ac-
cidentels,

cidentels : cela n'empescheroit pas
qu'il ne peut estre en ceux qu'on suppose estre propres & naturels.

Secondement, quant à l'experience mesme, ce n'est qu'vne pure imagination sans fondement, & n'a iamais encore esté confirmée par aucune experience particuliere, pource
qu'il est certain que l'euenement en
seroit tout autre, ainsi qu'il sera prouué en la troisiéme sorte de responce.

3. Le troisiéme & dernier moyen
d'esclaircir les doutes contenus au sixiéme argument, est en faisant voir
vne pareille participation de mouuement, és choses qui sont dans les
lieux ouuerts & libres d'vn Nauire.
Auquel propos Galilée allegue &
presse fort cette experience. *Si quelqu'vn*, dit-il, *laissoit choir vne pierre du
haut d'vn mast, il trouueroit qu'elle des-
cendroit tousiours en vn mesme lieu, soit
que le Nauire cheminast auec vistesse, ou
soit qu'il ne bougeast d'vne place.* La
raison de cela est, pource que le mouuement du Nauire s'empreint pareillement en la pierre : laquelle impres-

Systém.
Mundi col-
loq. 2.

Bb

fion ne preuaut pas efgalement fur
les corps legers comme eft vne plume ou de la leine, d'autant que l'Air
qui a pouuoir fur eux, n'eft pas emporté auec le mouuement du Nauire. De mefme en fera-il aufli de
cette autre experience : Si vn homme monté fur vn cheual laiffe choir
au plus fort de fa courfe vn Boullet
ou vne pierre, ces corps pefans là,
outre leur propre cheute, participe-
ront aufli à ce mouuement tranfuer-
fal du cheual. Car comme les chofes
que nous iettons, continuent leur
mouuement en l'Air quand elles font
hors de noftre main : de mefme faut-
il qu'il en foit quand la force eft con-
ferée par ce mouuement que le cheual dône au bras. Pendant qu'vn homme eft fur vn cheual qui court, fon bras
eft aufli porté par la mefme viftefle du
cheual: c'eft pourquoi s'il ouuroit feulement la main & laiffoit tôber quelque chofe, elle ne defcendroit pas en
ligne droite, mais feroit neceffaire-
ment pouffée en auât, à raifon de cette force empreinte en elle par la vi-

ste$$e du cheual, laquelle $e commu-
nique au$$i au bras : e$tant tout vn en
effect $i le bras e$t meu par vn mou-
uement particulier à luy propre,
comme quand nous iettons au loin
quelque cho$e ; ou par le commun
mouuement du corps, comme lors
que nous lai$$ons choir quelque cho-
$e du haut de quelque Nauire $ous la
voile, ain$i qu'au premier exemple:
ou $ommes montez $ur vn cheual qui
court, comme en ce dernier.

Ce qui a e$té dit touchant le mou-
uement qui tend en bas, $e peut au$$i
appliquer à celui qui $e fait vers haut,
& à celuy qui e$t oblique ou tran$uer-
$al. Tellement que quand on obiecte
que $i la Terre $e mouuoit, vn Boulet qui $eroit tiré en haut perpendi-
culairement en $eroit abandonné, &
ne retomberoit pas au me$me lieu
d'où il $e $eroit e$leué: Nous re$pon-
dons, que le Canon qui e$t $ur la Terre, en$emble le boulet qui e$t dedans,
participent auec la Terre à ce me$me
mouuement circulaire: ce que peut
e$tre nos aduer$aires accorderont,

Bb ij

pendant que nous supposons que le
boulet demeure tousiours dans le
canon; mais toute la difficulté sera de
faire voir comment il faut necessairement qu'il obserue le mesme mouuement quand il en est tiré hors en
plein Air. Pour mieux donc expliquer cecy, vous remarquerez ceste
figure suiuante.

Galileus
Syst. coll.2.

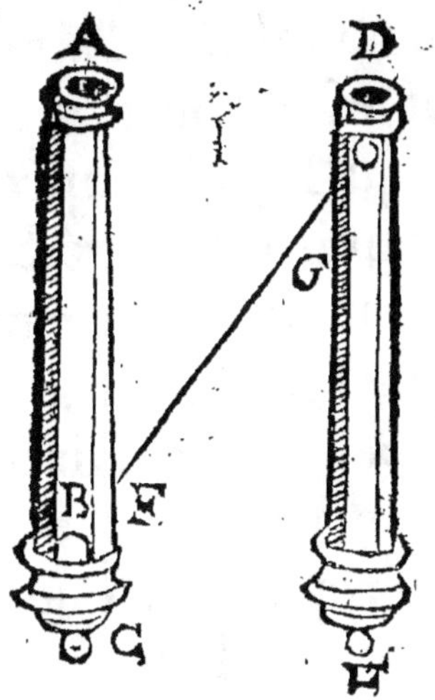

Posez que A, C, soit vn canon esleué perpendiculairement, auec vn
boullet dedans, au B, lequel s'il estoit
immobile, nous demeurons d'accord
que le boulet estant deschargé, il faudroit qu'il montast en iuste ligne per-

pendiculaire. Mais imaginez-vous icy que ce canon se meut auec la Terre, & alors en cet espace de temps que le boulet par la force de la poudre est à monter iusqu'en haut à l'emboucheure, le Canon sera transferé à la situation D, E, de sorte qu'il faut que le boulet se meuue selon la ligne F, G, qui n'est pas iustement droite, mais quelque peu declinante. Or le mouuement du boulet en l'air doit necessairement estre conformé à cette direction là qui luy est empreinte par le Canon dont il a esté tiré, & ainsi consequemment doit estre continué selon la ligne F, G. & partant se tiendra tousiours perpendiculairement sur le mesme poinct duquel il estoit monté.

Si vous repliquez que le mouuement du boulet dans le Canon est si prompt & si leger, que la Terre ne pourroit pas emporter le Canon de C, à E, dans le mesme espace de temps auquel le boulet se mouueroit de B, à A : ie respond, qu'il n'importe pas beaucoup si la Terre est d'vne plus grande ou d'vne moindre vistesse

que le boulet, parce qu'il faut que la
declinaison soit touſiours propor-
tionnée au mouuement de la Terre,
& ſi nous ſuppoſons celle-cy eſtre
plus lente que le boulet, alors la de-
clinaiſon de la ligne F, G, en ſera
d'autant moindre.

Cette verité ſe peut encor eſclaircir par l'exemple de ceux qui tirent
les oyſeaux en volant : Touchant lequel art, l'opinion commune eſt que
ces perſonnes là addreſſent leur viſée
à quelque certain eſpace en l'air droit
deuant les oiſeaux, où ils s'imaginent
que le plõb les pourra rencontrer en
leur vol ; bien que la verité eſt qu'en
ce cas ici ils procedent tout de la meſme façon que ſi les oiſeaux eſtoient
arreſtez en viſans droit à leurs corps:
& ſuiuans leur vol par le mouuement
du fuzil iuſqu'à ce qu'ayant en fin
rencontré vne parfaite viſée, ils deſ-
chargent & frappent auſſi aſſeuré-
ment les oiſeaux que s'ils eſtoient
perchez ſur vn arbre. D'où nous
pouuons obſeruer que comme en noſtre mire ou viſée le mouuement de

l'Harquebuse se fait poursuiure le vol
des oiseaux, qu'aussi ce mouuement
(quoy qu'il ne soit que fort lent) se
communique au plomb ou à la balle
en l'air.

Mais ce semblera estre vne chose
bien difficile de donner icy quelque
raison selon ces fondemens là, touchant le vol des Oyseaux, lesquels
estans animez, ont liberté de voler
çà ou là, de tarder par vn bon espace
de temps en plein air, & ainsi il n'est
pas bien aisé de conceuoir par quel
moyen ils participeroient à cette reuolution iournaliere de la Terre.

A cela Galilée respond, que comme le mouuement de l'Air tourne
quant & soy les Nuées, aussi emporte
il les Oyseaux, auec toutes autres
choses semblables qui y sont. Car si
vn fort vent est capable de pousser de
telle vistesse vn Nauire qui est char-
gé : abattre les Tours, renuerser les
Arbres, & pareilles choses : beaucoup
plus donc le mouuement iournalier
de l'Air (qui surpasse tant en vistesse les vents les plus impetueux)

pourra-il emporter quant & soy les
corps des Oyseaux.

Objection.   Mais, dira-t'on, si toutes choses
sont tournées par cette reuolution, il
sembleroit dóc qu'il n'y auroit point
du tout de mouuement, soit vers
haut ou vers bas en ligne droite.

Solution.   Ie respons, que le mouuement des
corps pesans ou legers, se peut considerer en deux esgards.

Premierement, selon l'espace dans
lequel ces corps là se meuuent : &
alors nous demeurons d'accord que
leurs mouuemens ne sont pas simples
mais meslez du droit & du circulaire.

Secondement, selon le corps ou
milieu dans lequel ils se meuuent, &
alors ils peuuent proprement estre
dits auoir des mouuemens droits,
parce qu'ils passent par le milieu en
ligne droite : & c'est pour cela qu'à
nostre esgard ils semblent monter ou
descendre directement. Aristote
mesme n'a pas voulu nier que le Feu
ne puisse monter en ligne droite à sa
Sphere, & neantmoins participer aussi à ce mouuement circulaire qu'il
suppose

ſuppoſe eſtre cõmuniqué des Cieux
à la partie ſuperieure de l'Air, & à
cette meſme region du Feu. De meſme en doit-il eſtre pour la deſcéte ou
cheute de quelque choſe que ce ſoit.
Poſé qu'vn homme dans vn Nauire
en ſa plus grãde viſteſſe, laiſſaſt choir
dedans vn vaiſſeau plein d'eau vne
petite boule de cire, ou quelqu'autre
ſorte de matiere qui fuſt lente à couler au fond, tellement qu'en vne minute de temps elle ne deſcendiſt que
l'eſpace d'vne couldée, bien que peut
eſtre pendant ce meſme eſpace là le
Nauire auroit aduancé au moins cent
couldées : toutesfois cette boule paroiſtroit touſiours à nos yeux deſcen-
dre en ligne droite, & l'autre mouuement qui luy eſt communiqué par le
Nauire, n'y ſeroit point du tout perceptible. Et quoy qu'en ce cas le mouuement fuſt en ſoymeſme compoſé du
circulaire & du direct : ſi eſt-ce qu'au
regard de nous il paroiſtroit, & ainſi
pourroit eſtre qualifié, exactement
droict.

Or s'il en eſt ainſi en ceux qu'on ac-

corde generalement estre des mouuemens outre nature : nous ne deuons donc pas douter de la possibilité
de pareil effect en ce mouuement que
nous conceuons estre propre & naturel, tant à la Terre, qu'aux choses qui
luy appartiennent.

Il y a encor vne autre Obiection à
ce propos, alleguée par a Malapertius
Iesuite moderne, lequel quoy qu'il
presse auec beaucoup d'ardeur cet argument du boulet ou d'vne pierre à
l'encontre de Copernic : si aduouë-il
qu'il seroit aisé à resoudre, si les def-
fensseurs de cette cause vouloient affirmer que l'Air tourne auec la Terre.
Mais, ils n'oseroient, dit-il, le faire :
car alors les Cometes sembleroient
tousiours ne bouger d'vn lieu, estans
emportées auec la reuolution de cet
Air, & ne pourroient pas se leuer ou
se coucher, comme l'experience nous
fait voir le contraire.

A cecy on peut respondre, que la
pluspart des Cometes sont au dessus
de cet Orbe d'Air qui se tourne auec
nostre Terre, comme il appert par

leur hauteur. Le mouuement qui
paroiſt en elles, eſt cauſé par la reuolution de noſtre Terre, par laquelle
nous ſommes deſtournez arriere d'elles.

Quant aux Cometes qui ſont dans
l'orbe de noſtre air, elles ne ſemblent
bouger d'vn lieu. Telle fut cette Co-
mete dont [a] Ioſephe fait mention, laquelle ſe tint conſtamment ſur la ville de Ieruſalem : & cette autre auſſi
qui apparut enuiron au temps que
Agrippa mourut, laquelle par l'eſpace de pluſieurs iours ſe tint fixe ſur la
ville de Rome. C'eſt pourquoi [b] Seneque, du dire d'Epigene, diſtingue fort
bien entre deux ſortes de Cometes,
les vnes eſtans baſſes & qui ſemblent
immobiles, les autres plus hautes, &
qui obſeruent conſtamment leur leuer & leur coucher, ainſi que font les
Eſtoilles.

I'ay fait quant à tous les argumens
de remarque ou de difficulté, que les
aduerſaires alleguent contre ce mouuement iournalier de la Terre. Il reſte encore pluſieurs autres menuës

a De bello
Iudaico.
Dion. l. 54.

b Queſt.
Nat. l. 7. c. 6

C c ij

cauillatiõs qui ne valent pas les nom-
mer, & qui se descouurēt plutost estre
des obiectiõs d'vn captieux, que d'vn
esprit douteux. Entre lesquelles ie
pourrois à bon droit passer sous silence celles que Alexandre Rosse insere
dans son liure. Mais d'autant que cet
Auteur insulte dãs tout son discours
auec tant de mespris & de triomphe,
il n'y aura point de mal d'examiner
quelle euidence infaillible il y a en
ces argumens surquoy il fonde ses
vantances.

Nous n'en auons pas moins que
neuf en vn seul chapitre. Les voicy
tous.

Lib. 1. sect. 2. cap. 6.

Argum. 1. 1. Si la Terre (dit-il) se mouuoit,
elle seroit plus chaude que l'Eau, parce que le mouuement produit chaleur; & pour cette mesme raison aussi l'eau seroit tellement chaude & rarefiée, qu'elle ne se pourroit pas con-
geler, puis qu'elle participe aussi à ce
mesme mouuement auec la Terre.

Argum. 2. 2. L'air qui auoisine la Terre seroit plus pur, comme estant rarefié
par le mouuement.

3. Si la Terre se mouuoit , elle Argum. 3.
causeroit quelque bruict ou son : Or
ce bruict ne s'entend non plus que
l'harmonie des Cieux de Pythagore.
Donc, &c.

4. C'auroit esté en vain à la Na- Argum. 4.
ture d'auoir doüé les Cieux de toutes
les conditions requises au mouuement, s'ils n'eussent point deu se mouuoir. Comme premierement, ils ont
vne figure ronde. Secondement, ils
n'ont ny pesanteur ny legereté. En
troisiéme lieu, ils sont incorruptibles.
Et en quatriéme lieu , ils n'ont nuls
contraires.

5. Toutes parties similaires sont Argum. 5.
de mesme nature que leur tout. Or
chaque partie de la Terre se repose
en son lieu naturel : Donc aussi le
tout.

6. Le Soleil est dans le monde com- Argum. 6.
me le cœur au corps de l'homme: Or
le mouuement du cœur cessant, nul
des membres ne remuë ; Donc si le
Soleil se tenoit coy , les autres parties du monde seroient aussi sans
mouuement.

Argum. 7. 7. Le Soleil & les Cieux agiſſent ſur ces corps inferieurs par leur lumiere & par leur mouuement. Ainſi la Lune opere ſur la Mer.

Argum. 8. 8. La Terre eſt la baſe ou le fondement des Edifices : & partant doit eſtre ferme & ſtable.

Argum. 9. 9. L'opinion conſtante des Theologiens eſt, qu'apres le iour du iugement les Cieux ſe repoſeront : ce qu'ils prouuent de ces paroles d'Eſaye, chapitre 60. verſet 20. *Ton So-Soleil ne ſe couchera plus, & ta Lune ne ſe retirera plus.* Ainſi en l'Apoc. 10. 6. *L'Ange iure qu'il n'y aura plus de temps:* & partant les Cieux ſe doiuent repoſer, puis que c'eſt par le mouuement que ſe meſure le temps. Et S. Paul aux Romains, chap. 8. verſ. 20. *Que toutes les creatures ſont ſuiettes à vanité.* Or ce ne peut eſtre autre choſe touchant les Cieux, que la vanité du mouuement, dont parle le Sage au premier chapitre de l'Eccleſiaſt. verſ. 4. *Le Soleil ſe leue, & le Soleil ſe couche, &c.*

Reſponce au 1. & 2. Argument. A ces argumens là on peut reſpondre:

Qu'au premier, il s'y remarque vne manifeste contradiction, quand il veut qu'à raison de ce mouuement, la Terre soit plus chaude que non pas l'Eau:là où neantmoins il recognoist que l'eau se meut auec elle: c'est pourquoy en la ligne immediatement suiuante, il infere que l'eau, à cause de la chaleur & de la rarefaction qu'elle reçoit de ce mouuement auec la Terre, doit estre incapable d'autant de froideur qu'il en faut pour estre congelée.

Mais à ce qu'on se peut imaginer estre son sens & intention en ce premier & second argument : Ie respond, que s'il eust bien entendu l'opinion qu'il combat, il auroit compris aisément qu'elle ne peut estre preiudiciée par l'vne ou l'autre de ces consequences. Car nous supposons que non seulement ce Globe de Terre & d'eau, mais aussi tout l'Air espais qui l'enuironne, sont emportez par le mesme mouuement. Et partant, quand bien ce qu'il dit touchant la chaleur qui seroit produite par vn tel

mouuement, seroit veritable : si ne
seroit-il pas pourtant pertinent, puis
que noſtre Terre & l'Eau, & l'Air qui
en eſt proche, ne ſont pas par ce
moyen ſeparez les vns des autres, &
ainſi ces conſequences ne ſont nullement à propos, & ne viennent point
du tout à la queſtion.

Si quelqu'vn replique que cela ne
laiſſera pas pourtant d'eſtre veritable touchant la partie ſuperieure de
l'Air, où il y a vne telle ſeparation
d'vn corps d'auec vn autre, & ainſi
conſequemment vne chaleur correſ-
pondante : Ie reſpons,

1. Qu'on ne demeure pas generalement d'accord qu'en toutes ſortes
de corps, le mouuemét produiſe chaleur, aucuns le reſtreignent aux corps
ſolides ſeulement ; affirmans qu'en
ceux qui ſont fluides, il eſt pluſtoſt
cauſe de froideur. Et c'eſt la raiſon
pourquoi les eaux courantes (diſent-
ils) ſont touſiours plus froides à noſtre ſentiment : & qu'entre les vents
qui procedent de meſmes quartiers
des Cieux, & en meſme temps de
l'Année,

l'Année, les plus forts font toufiours les plus froids. Que fi vous obiectez que les eaux courantes ne fe gelent pas fi toft que les autres : On refpond que ce n'eft pas à caufe que par-là elles foient efchauffées ; mais parce qu'à la congellation il eft requis qu'vn corps foit en repos, auffi bien qu'eftre froid.

2. Quand bien nous accorderions qu'il y auroit vne chaleur moderée en ces parties là de l'Air, cela ne pourroit porter aucun prejudice à la prefente opinion, ni aux communs Principes.

Au troifiéme argument nous ref- *Au 3. Argu.*
pondons, que comme le bruit ou fon de ce mouuement de la Terre ne s'entend non plus que fait l'harmonie des Cieux : auffi n'y a-il point de raifon que ce mouuement deuft caufer vn fon pluftoft que le fuppofé mouuement des Cieux, qu'on eftime pareillement fe continuer iufqu'à l'Air prochain de nous.

4. Le quatriéme argument prou- *Au 4. Argu.*
uera le mouuement de la Terre, auffi bien que celuy des Cieux. Car pre-

D d

mierement elle est d'vne forme ronde, comme on en demeure generalement d'accord. Secondement, estant considerée comme entiere & en son propre lieu, elle n'est point pesante, comme il a esté prouué cy dessus. Et quant aux deux autres conditions, elles ne sont ny vrayes touchant les Cieux; ni quand bien elles le seroient, elles n'apporteroient rien du tout à leur mouuement.

Au 5. Argu. 5. Cet argument prouueroit que la Mer n'auroit ni flux ni reflux, parce que cette mesme sorte de mouuemét ne se trouue pas en chaque goute d'eau : Ou que toute la Terre n'est point ronde, parce que chaque petit morceau de Terre n'est pas de cette forme là.

Au 6. Argu. Celuy-ci est plustost vne illustration qu'vne preuue : ou s'il prouue quelque chose, il pourra aussi bien seruir au propos auquel il est puis apres appliqué, où le mouuement de chaque Planette est supposé dependre de la reuolution du Soleil.

Au 7. Argu. Que le Soleil & les Planettes agis-

sent sur la Terre par leur propre &
reel mouuement iournalier , est la
chose qui est en question ; & partant
ne se doit pas prendre pour vn fondement commun.

Nous demeurons d'accord que la
Terre est ferme & stable de tous mouuemens par lesquels elle peust estre
secoüée ou incertainement ébranlée. Au 8. Argu.

1. Quant à l'authorité des Theologiens qu'il allegue pour l'interpretation de ces passages de l'Escriture, ce
ne sera qu'vn foible argument contre
cette opinion ici, qu'on a desia accor-
dée estre vn Paradoxe. Resp. au 9.
argument.

2. Ces Escritures mesmes , en leur
vray sens , ne font rien du tout à ce
present propos.

Quant au passage d'Esaye , si nous
en consultons la coherence , nous
trouuerons que le but du Prophete
est de declarer la gloire de l'Eglise
triomphante. En laquelle il dit qu'il
n'y aura point besoin de Soleil ou de
Lune, mais que la presence de Dieu
suppleera à tous les deux : *Car le*
Seigneur te sera pour lumiere eternelle, a vers. 19.

Dd ij

& ton Dieu pour ta gloire, & quant à
ce Soleil & à la Lune, il ne se couchera plus, & elle ne se retirera plus: mais
sera *vne lumiere perpetuelle*, sans aucune intermission. De sorte qu'il est
euident qu'il parle là de la lumiere
qui sera par cy apres au lieu du Soleil
& de la Lune.

 Pour ce qui est du passage de l'A-
pocalypse, nous accordons qu'*il n'y
aura plus de temps* : mais de dire que
cela depende de la cessatiõ desCieux,
c'est mendier la question, & supposer
ce qui doit estre prouué, assauoir que
le temps soit mesuré par le mouuement des Cieux & non par celuy de
la Terre. [a] Pererius, de qui ce dernier argument a esté emprunté sans
le recognoistre, luy eust peu dire au
mesme endroit, que le temps ne depend pas absoluement & vniuersellement du mouuement des Cieux,
[b] *mais du mouuement & de la succession
par lesquels la durée se mesure.*

 Et quant au passage aux Romains,
nous disons qu'il y a d'autres vanitez
à quoy les corps celestes sont suiets.

Voyez A-
pocalyp. 21.
23. Item 22.
5.

[a] Gen. cap.
1. liz. qu. 6.

[b] Sed in
motu &
successione
cuinslibet
durationis.

Comme premierement, à plusieurs
alterations & changemens, tesmoiu
ces Cometes qui à diuers temps ont
esté veuës parmy ces corps-là: & puis
pareillement à cette corruption generale dans laquelle se trouuerôt en-
ueloppées toutes les creatures au dernier Iour. *Quãd les Cieux passeront auec
vn bruict sifflant de tempeste, & les Elemens seront dissouts par ardente chaleur.*

2.Epistre
de S. Pier-
re chap. 3.
vers.10.12.

    Tellement que vous voyez que la
force de ces Argumens n'est pas si in-
surmontable, pour obliger l'Autheur
d'iceux à triompher par auance & à
chanter la Victoire.

    Vne autre obiection encore sem-
blable à celle-cy, est prise de l'Etymologie de diuers mots. Ainsi les
Cieux sont appellez *Æthera, ab* ἀεὶ
θεῖν, parce qu'ils sont tousiours en
perpetuelle action; & la Terre *Vesta,
quia vi stat,* à cause de son immobilité.

    A quoy ie respons, qu'il ne seroit
pas bien difficile de trouuer de telles
preuues pour cette opinion, aussi bien
que contr'elle.

Ainsi nous pouuons dire que le mot Hebreu ארץ c'est à dire la Terre, est deriué de רוץ parce qu'elle court, De mesme qu'en Latin elle est appellée *Terra, non quod teratur*, non parce qu'elle est foulée des pieds, *sed quod perenni cursu omnia terat*, mais parce qu'elle vse & fait déchoir toutes choses par son cours continuel, dit Calcagninus. Quoy que c'en soit, quand bien nous supposerions que cette Etymologie fust la plus vraye & la plus naturelle : si est-ce qu'à tout rompre elle ne pourroit que monstrer qu'elle estoit la plus commune opinion de ces temps là, quand tels noms furent premierement imposez.

Mais prenez (dira-t'on) que tout cela fust vray, assauoir que la Terre eust vne telle reuolution Iournaliere : toutesfois comment seroit-il conceuable qu'elle eust en mesme temps deux mouuemens distincts?

Ie respons, que cela est aisé à comprendre, si vous considerez comment ces deux mouuemens tiennent vne mesme roûte, assauoir de l'Occident

à l'Orient. Ainſi vne boule eſtant iettée de la main, a deux mouuemens
en l'Air ; l'vn par lequel elle eſt em-
portée en tournant ; l'autre, par lequel elle eſt iettée en auant.

De ce qui a eſté dit en ce chapitre,
le Lecteur non paſſionné pourra recueillir dequoy ſe ſatisfaire ſuffiſamment ſur tous les Argumens qu'on a
accouſtumé d'alleguer contre le mouuement iournalier de la Terre.

PROPOSITION IX.

*Qu'il y a bien plus d'apparence que c'eſt
la Terre qui tourne, que non pas
le Soleil ou les Cieux.*

ENTRE le grand nombre
d'Argumens qu'on pourroit
alleguer pour la confirma-
tion de cette verité, Ie n'en infereray
icy que ces cinq ſeulement.

1. Si nous ſuppoſons que la Terre
ſoit la cauſe de ce mouuement, alors 1. Argum.

ces vastes & glorieux corps celestes
seront affranchis de cette inconceuable & prodigieuse rapidité, laquelle
autrement il leur faudroit attribuer.

Car si la reuolution journaliere est
aux Cieux, alors il s'ensuiura selon
l'Hypothese vulgaire, qu'il faut que
chaque Estoille dans l'Equateur face
par heure au moins quatre milions
cinq cens vingt neuf mille cinq cens
38. lieuës d'Allemagne. De sorte
que selon l'obseruation de ᵃ Cardan,

qui dit que le pouls d'vn homme de
bon temperament bat quatre mille
fois en vne heure, il faudra qu'vne
de ces Estoilles là pendant vn seul
battement de pouls, face 1132. lieuës
d'Allemagne, dit Alphraginus : ou
selon Tycho Brahé 752. lieuës d'Allemagne. Mais ces nombres là sem-
blēt estre quelque peu des moindres:
& partāt beaucoup d'autres les esten-
dent bien plus auant, affirmans qu'en
vn battement de pouls, chaque Estoille dans l'Equateur, doit faire 2528.
de ces lieuës là.

C'est ce qu'affirme ᵇ Clauius, qu'encore

core que la distance des Orbes, &
ainsi consequemment leur vistesse
semble entierement incroyable: si est
ce neātmoins qu'elle est encor beaucoup plus grande que ne se l'imaginent ordinairement les Astronomes:
& toutefois (dit-il) selon les fondemens ou principes communs, chaque
Estoille dans l'Equateur doit faire
quarante deux millions trois cens
nonante huit mille quatre cens trente sept milles & demie en vne heure.
Et quoy qu'vn homme en son voya-
ge fist constamment vingt lieuës par
iour ; si ne pourroit-il pas aller si loin
que fait vne Estoille en vne heure, à
moins de 2904. ans. Ou si nous supposons qu'vne fleche fust de cette
mesme vistesse, il faudroit qu'elle fist
le tour de ce grand Globe de Terre
& d'Eau 1884. fois en vne heure. Et
vn Oyseau qui voleroit seulement
aussi viste, pourroit faire le tour du
Monde sept fois pendant qu'on pro-
nonceroit , *Aue Maria gratia plena,
Dominus tecum.*

 Et bien que ce soit là vn assez gen-

Comment.
in prim. ca.
Sphære.

E e

til pas, si est-çe que tout cela n'est dit
que de la huitiéme Sphere, & ainsi
estant comparé à la vistesse du premier mobile, n'est qu'vn fort lent &
fort pesant mouuement.

Car, dit le mesme Autheur, l'espesseur de chaque Orbe est esgale à
la distance de sa superficie concaue,
du centre de la Terre. Ainsi l'Orbe
de la Lune contient autant d'espace
en son espesseur, qu'il y en a entre les
plus prochaines parties de celuy là,
& le centre. Ainsi pareillement la
huitiémeSphere est aussi espaisse que
tout cet espace qui est entre le centre
de la Terre, & sa superficie concaue.
De mesme faut-il qu'il en soit en ces
trois autres Orbes, qu'il suppose estre
au dessus du Ciel des Estoilles. Or si
nous proportionnons leur vistesse selon cette difference de leur grãdeur,
vous iugerez alors (si vous pouuez)
de quelle sorte de celerité il faut que
celuy là soit, par lequel le premier
mobile sera entraisné & tourné.

Tycho Brahé dit que la distance
des Estoilles est beaucoup moindre,

&que leur mouuement est plus lent, & neantmoins il est contraint de confesser, qu'il est *plus viste qu'on ne pourroit iamais penser.*

Clauius aussi parlant de l'Orbe des Estoilles, recognoist que sa rapidité *surpasse la portée de l'esprit humain.* Que pouuoit-il donc penser du premier mobile?

Gilbertus estant (ce semble) tout estonné par la consideration de cette prodigieuse rapidité, dit, que *c'est vn mouuement au de là de toutes les pensées, & de toutes les fables & fictions poëtiques, lequel on ne peut exprimer ne conceuoir.*

Ce n'est pas qu'il ne soit possible à Dieu de les faire tourner auec beaucoup plus de vistesse. Mesme il est possible par art d'inuenter vn mouuement à proportion aussi lent, que celuy-ci est prompt & leger. Mais quoy qu'il en soit, la questió icy n'est pas de ce qui se peut faire, mais de ce qui plus vray semblablement se doit faire selon le cours ordinaire de la Nature. C'est le propre d'vn Philo-

Ee ij

De magnete, lib. 6. cap. 3. Motus supra omnes cogitationes somnia, fabulas, & licentias poëticas insuperabilis, ineffabilis, incóprehensibilis.

fophe, en la refolution des euenemens naturels, non de recourir à la
puiffance abfoluë de Dieu & nous
dire ce qu'il peut faire ; mais ce qui
felon la voye ordinaire de la Prouidence doit plus vray femblablement
eftre fait: & defcouurir les caufes des
chofes qui puiffent fembler plus ai-
fées & plus probables à noftre raifon.

Que fi vous demandez quelle repugnance les Cieux peuuent auoir à
vne fi grande viftefle : nous refpon-
dons que c'eft leur vafte & materielle condenfée fubftance, auec laquelle
ce mouuement inconceuable ne peut
s'accorder.

Puis que le Mouuemét & la Grandeur font deux chofes Geometriques
de telle nature, qu'elles ont vne proportion mutuelle ; il femble que la
pefanteur doiue eftre plus conuenable à vn grand corps, & la legereté à
vn moindre : & ainfi il feroit beaucoup plus conforme aux principes de
la Nature, que la Terre, qui eft d'vne
moindre quantité, deuft eftre ordon-

née à vn mouuement aucunement proportionné à sa grandeur, que de dire que les Cieux qui sont d'vne si vaste estenduë fussent emportez d'vne si incroyable vistesse, laquelle sur-passe autant la proportion de leur grandeur, que leur grandeur surpas-se cette Terre qui ne leur est qu'vn poinct ou centre. Il n'y a pas d'appa-rence que la Nature en ces grands ouurages, s'escartast si fort de l'har-monie & proportion qu'elle a accou-stumé d'obseruer és moindres cho-ses. Si ce Globe terrestre seulement estoit ordonné à se mouuoir tous les iours autour de l'Orbe des Estoilles fixes, bien que ce ne soit qu'vn petit corps, & par consequent plus capa-ble d'vn mouuement viste & leger: si est-ce que cette vistesse luy seroit si extrémement disproportionnée, que nous ne pourrions pas auec raison la côceuoir estre possible selon le cours ordinaire de la Nature. Mais de di-re que les Cieux mesmes, qui sont d'vne si prodigieuse grandeur, auec tant d'Estoilles, & qui surpassent tant la grandeur de noſtre Terre, fuſſent capables de ſe tourner auec vne ſi grande celerité : Ce ſont extrauagances qui vont au delà de toutes les fantaiſies des Poëtes ou des Fols.

Pour reſponce à cet argument nos aduerſaires nous diſent, que les Cieux n'ont aucune repugnance à vn ſi rapide mouuement : & cela, ſoit qu'en premier lieu nous conſiderions la nature de ces corps là, ou en ſecond lieu la viſteſſe de leur mouuement.

1. Quant à la nature de ces corps là, ſoit ou leurs Qualitez, ou leur Quantité.

1. Ils n'ont point en eux les qualitez de legereté ou de peſanteur, ou aucune des moindres contrarietez qui les peuſt rendre incompatibles ou deſcendans entr'eux.

2. Leur grandeur ſeruira à leur viſteſſe : car d'autant plus grand que eſt vn corps, & plus prompt ſera-il en ſon mouuement, & ce non ſeulement quand il eſt méu par quelque Principe interne : comme pour exemple vne meule de moulin deſcendra plus

Roſſe, lib. 1.ſect. 1. cap. 1.

ſi viſte qu'vn petit caillou : mais auſſi
quand ſon mouuement procede de
quelque Agent externe, ainſi que le
vent pouſſera vne groſſe Nuée ou vn
peſant Nauire, quand il ne pourra
pas faire branler vne petite pierre.

Quant à la viſteſſe de ce mouuement, ſa poſſibilité ſe peut eſclaircir
par d'autres exemples en la Nature :
Comme par exemple,

1. Le ſon d'vn coup de canon ſe
porte en fort peu de temps à vingt
milles de diſtance.

Idem, lib. 2. ſect. 1. cap. 5.

2. Bien qu'vne Eſtoille ſoit ſituée
extrémement loin de nous : ſi eſt-ce
que l'œil l'apperçoit & la diſcerne en
vn moment, ce qui ne ſe fait pas ſans
quelque mouuement, ſoit des eſpe-
ces de l'Eſtoille, ou des rayons vi-
ſuels. De meſme auſſi la lumiere, en
vn inſtant, paſſe d'vn coſté des Cieux
à l'autre.

3. Si la force de la poudre eſt capable de porter vn boulet de canon
auec vne ſi grande viſteſſe, nous ne
deuons point douter que les Cieux
ne ſoient capables de cette celerité

Idem, lib. 1. ſect. 2. cap. 2.

qu'ordinairement on leur attribuë.

A ces choses nous pouuons respondre:

1. Que comme ainsi soit qu'ils disent
que les corps celestes sont sans pesanteur, nous l'accordons, au mesme sens
que nostre Terre aussi considerée
comme entiere & en sa propre place
se peut nier estre pesante : puis que
cette qualité, au sens le plus precis,
ne peut estre attribuée qu'à ces parties là seulement, lesquelles sont separées de ce tout auquel elles appartiennent.   Mais quoy qu'il en soit,
puis que les Cieux ou les Estoilles
sont d'vne substance materielle, il est
impossible qu'ils n'ayent en eux quelque repugnance au mouuement,
parce que la matiere de soy mesme
est vne chose lourde & massiue, & ce
d'autant plus qu'elle est ramassée &
condensée ensemble.   Et combien
que les Sectateurs de Ptolomée nient
hardiment que les Cieux soient capables d'aucune telle repugnance au
mouuement : si seroit-il fort aisé de
prouuer le contraire, de leurs propres

pres Principes. Il n'est pas conceuable comment la Sphere superieure
pourroit faire mouuoir celle de def-
fous, fi ce n'eft que leurs fuperficies
fuffent pleines de parties raboteufes,
(ce qu'ils nient :) ou bien il faudroit
que l'vn des Orbes s'appuyaft fur l'autre auec toute fa pefanteur, & ainfi le
rendre participant de fon propre
mouuement. Et de plus, ils nous di-
fent que tant plus vne Sphere eft ef-
loignée du premier mobile, moins eft
elle empefchée en fon cours par celuy là, & d'autant pluftoft finit elle fa
reuolution : D'où il s'enfuiura que
ces corps là fe refiftent les vns aux
autres.

Ie me fuis fouuent efmerueillé
pourquoy entre les baftimens en-
chantez des Poëtes, ils n'ont point
feint de chafteau, fabriqué des mémes
materiaux que font les Orbes folides,
veu qu'en vne telle fabrique il y auroit eu ces commoditez eminentes.

1. Qu'il feroit tres plaifant & agreable à caufe de fa clarté, parce qu'il feroit plus diaphane que l'Air mefme,

F f

& ainſi ſes murailles ne pourroient
empeſcher l'aſpect de quelque coſté
que ce fuſt.

2. Eſtant ſi ſolide & impenetrable,
il ſeroit neceſſairemēt excellent contre l'iniure & violence du temps, comme auſſi contre les aſſauts de l'ennemy, qui ne le pourroit pas abbattre
auec les plus furieuſes batteries du
Belier, ou le percer à coups de canon.

3. Eſtant exempt de toute peſanteur, vn homme le pourroit porter
quant & ſoy, ainſi qu'vn limaçon fait
ſa coque : & par ce moyen ſoit qu'il
pourſuiuiſt l'ennemy ou que l'ennemy le pourſuiuiſt, il auroit touſiours
cet aduantage, qu'il pourroit prendre quant & ſoy ſon Chaſteau & ſa
fortereſſe.

Mais auſſi d'autre coſté il s'y ren-
contreroit autant d'incommoditez.
Car,

1. Sa perſpicuité le rendroit ſi ouuert, qu'on n'y pourroit auoir aucun
lieu particulier pour ſe retirer. Et puis

2. Eſtant ſi extrémement ſolide,

auſſi bien qu'inuiſible, vn homme ſeroit touſiours en danger de ſe heur-
ter la teſte contre chaque muraille
ou pilier ; à moins que de dire qu'il
ne ſe peût toucher auſſi, comme quelques vns des Peripateticiens l'affirment.

3. Eſtant ſans peſanteur, cela ap-
porteroit cet inconuenient, que la
moindre haleine de vent le ſouffle-
roit çà & là : puis qu'aucuns de cette
meſme ſecte n'ont pas eu honte de dire que tant s'en faut que les Cieux
ayent aucune peſanteur, que ſi ſeulement vn moucheron choquoit cette
vaſte Machine des celeſtes Spheres, il
les remueroit de leur place.

Vn homme qui auroit vne forte
imagination, & aſſez de loiſir, ſe
pourroit donner bien du paſſe temps
auec cette fiction Aſtronomique.

Tellement que cette premiere euaſion de nos aduerſaires ne les mettra
point à couuert de la force de cet argument, pris de la viſteſſe incroyable des Cieux.

2. Comme ainſi ſoit qu'ils nous di-

Ff ij

sent en second lieu, qu'vn corps pesant, comme par exemple vne meule de moulin, descendra naturellement plus viste qu'vn moindre corps,
comme seroit vn petit caillou: Ie respond, que ce n'est pas à cause qu'vn
grand corps de soy-mesme est plus
aisé à se mouuoir, mais parce que
tant plus vne chose est grande, qui
est hors de son propre lieu, & plus
fort sera son desir naturel d'y re-
tourner, & ainsi par consequent
son mouuement plus prompt &
plus subit. Mais pour ces corps qui
se meuuent circulairement, ils sont
tousiours en leurs propres situations,
& par consequent cette mesme raison ne leur peut pas estre appliquée.
Et puis, là où il est dit que la grandeur adiouste tousiours à la vistesse
d'vn mouuement violent, (comme
le vent fera plustost mouuoir vn grãd
Nauire qu'vne petite pierre:) Nous
respondons, que ce n'est pas pource
qu'vn Nauire est de soy mesme plus
aisé à remuer qu'vne petite pierre:
Car ie m'imagine que celuy qui fait

cette obiection ne pense pas pouuoir
ietter l'vn aussi loin que l'autre : mais
c'est parce que ces petits corps là ne
sont pas si suiets à cette sorte de violence, d'où leur mouuemēt procede.

Et pour ce qui est des exemples
qu'on allegue pour esclaircir la possibilité de cette vistesse des Cieux:
nous respondons, que le passage du
son d'vn coup de canon n'est que
fort lent en comparaison du mouuement des Cieux. Et puis d'ailleurs,
la vistesse des especes du son ou de la
veuë, qui sont des accidens, ne sont
pas propres pour en inferer pareille
celerité en vne substance materielle:
& de mesme pour ce qui est de la lumiere, laquelle a Aristote, & auec
luy l'vniuersalité des Philosophes, *a De Ani-*
prouuent par cette mesme raison n'e- *mal. li. 2.*
ftre pas vn corps, parce qu'elle se *cap. 7.*
meut auec telle vistesse, dont ils croyoient (ce semble) qu'vn corps n'e-
stoit pas capable. Et mesme celuy
qui fait cette obiection, parlant en
vn b autre endroit de la lumiere eu *b Rosseli,*
esgard à vne substance, dit : *La lumie-* *2. sect. 1.*
cap. 4.

re est vn accident, tout de mesme que l'espece de la chose visible, & l'on considere autrement les substances que les accidens.

Et quand à l'exemple d'vn boulet de canon: nous respondons, qu'il auroit peu aussi bien illustrer la vistesse d'vn boulet, qui trauerse 4. ou 5. milles en deux minutes de temps, par l'exemple du mouuement de l'esguille d'vne Montre, qui ne fait que deux ou trois poulces de chemin en 12. heures: y ayant vne plus grande disproportion entre le mouuement des Cieux & la vistesse d'vn boulet de Canon, qu'il n'y en a entre la vistesse d'vn boulet, & le mouuement de l'esguille d'vne Montre.

Vn autre argument encor à ce propos se peut tirer de la principale fin des mouuemens Diurne & Annuel, qui est pour distinguer entre la Nuict & le Iour, l'Hyuer & l'Esté; & ainsi consequemmēt seruir pour la cōmodité & pour les Saisons de ce Monde habitable. C'est pourquoy il semble mieux conuenir à la Sagesse de la

Prouidence , de faire que la Terre
foit auſſi bien la cauſe efficiente , que
la cauſe finale de ce mouuement : Et
principalement puis que la Nature
en ſes autres operations n'vſe iamais
de moyés ennuyeux & difficiles pour
faire ce qu'elle peut auſſi bien accomplir par des moyens plus cours & plus
ayſez. Or les apparences ſeroient les
meſmes au regard de nous , ſi ce petit poinct de Terre ſeulement eſtoit
fait le ſuiet de ces mouuemens , que ſi
toute la vaſte Machine du Monde,
auec toutes les Eſtoilles d'vn ſi grand
nombre & grandeur ſe tournoient
autour d'elle. C'eſt vne maxime generale , que la Nature ne fait rien en
vain, mais qu'en toutes ſes voyes elle
prend touſiours le plus court chemin. Il n'y a donc pas d'apparence
(di-ie) que toute la Fabrique des
Cieux, qui ſurpaſſe tant noſtre Terre en grandeur & en perfection , fuſt
aſſuiettie à vne œuure ſi grande & ſi
continuë pour le ſeruice de noſtre
Terre, laquelle pourroit plus aiſément ſauuer tout ce trauail par la cir-

Galeti

conuolution de son propre corps: sur
tout puis que par ce mouuement les
Cieux n'atteignent point à vne plus
grande perfection, mais sont rendus
seruiles à ce petit poinct de Terre.
De maniere qu'en ce cas il sembleroit que la Nature feroit paroistre
aussi peu de preuoyance en elle de les
employer à ce mouuement, qu'il y en
auroit en vne [a] Mere qui pour chauf-
fer son enfant aimeroit mieux tourner le feu à l'entour de luy, que de le
tourner deuant le feu.   Ou en [b] vn
Cuisinier qui ne rostiroit pas sa viande en la tournant au feu, mais plû-
tost en tournant le feu autour de sa
viande. [c] Ou en vn homme qui feroit
tourner toute vne ville à l'entour de
soy pour en voir toutes les maisons,
au lieu de se tourner soy mesme sur
vne Tour pour la voir.

Nous approuuons bien que chaque
Horloger ait tant de prudence, que
de ne pas mettre en son instrument
aucun mouuement qui soit superflus, ou qui se puisse suppleer par vn
moyen plus aisé: & ne croirons-nous
point

a Lansberg,

b Keppler.

c Galilæus.

point que la Nature ait autant de
preuoyance qu'aucun Mechanique
ordinaire? Ou pourrons-nous nous
imaginer qu'elle ordonnaſt ces
corps ſi grands & ſi nombreux, c'eſt
à dire les Eſtoilles, pour tourner à
l'entour de nous par vn mouuement
ſi rapide & ſi perpetuel, ſi plein de
confuſion & d'incertitude, quãd tout
cela ſe pourroit auſſi bien faire par la
reuolution de ce petit poinct de Terre?

Entre les diuerſes parties du Mon- Argum. 3.
de, il y a ſix Planettes du mouuement
deſquelles on demeure generalement
d'accord. Quant au Soleil & à la
Terre, & aux Eſtoilles fixes, il eſt encore en queſtion ſçauoir qu'elles
d'entre-elles ſont naturellement
doüées de cette proprieté. Or le ſens
commun nous dictera que le mouuement eſt plus conuenable à ce
qui approche le plus en genre &
proprietez de ces corps là qui indu-
bitablement ſe meuuent. Et il y a en
la Terre vne condition viſible & emi-
nente, en quoy elle conuient auec les

G g

Planettes : là où le Soleil, auec les Eſtoilles fixes, different d'elles en ce meſme eſgard : c'eſt aſſauoir en la Lumiere, laquelle toutes les Planettes & la Terre pareillement, ſont contraintes d'emprunter d'ailleurs, pendant que le Soleil & les Eſtoilles l'ont de leur propre. D'où l'on peut vray ſemblablement conclurre, que la Terre eſt pluſtoſt le ſuiet de ce mouuement que l'autre. Ioinct à cecy que le Soleil & les Eſtoilles ſemblent eſtre d'vne nature plus excellente que les autres parties du Monde, & partant doiuent eſtre doüez des meilleures qualitez. Or le mouuement n'eſt pas vne condition ſi noble que le repos. Celuy là n'eſt qu'vne eſpece de choſe ennuyeuſe & ſeruile : au lieu que celuy-ci eſt ordinairement attribué à Dieu : dont il eſt dit.

Boët. de Conſol. Phil. lib. 3.

Immotus ſtabiliſque manens dans cun_cta moueri.

Immobile qu'il eſt fait mouuoir toutes choſes.

Argum. 4. a De cœlo, lib. 2. cap. 10.

Ariſtote nous dit qu'il conuient fort à la raiſon, que le temps aſſigné

pour la reuolution de chaque Orbe
celeste soit proportionné à sa grandeur. Mais cela ne peut estre qu'en
faisant de la Terre vne Planette, & le
suiet des mouuemens Iournalier &
Annuel. Parquoy il est plus probable
que c'est la Terre qui se meut, que les
Cieux.

Suiuant l'Hypothese vulgaire, le
premier mobile fera son tour en vn
iour. Saturne en trente ans. Iupiter
en douze. Mars en deux. Le Soleil,
Venus, & Mercure, qui ont leurs Orbes diuers, s'accorderont neantmoins
en leurs reuolutions, chacun d'eux
estant enuiron vn an à faire son tour:
Au lieu qu'en faisant de la Terre vne
Planette, il y aura vne iuste proportion entre la grandeur des Orbes
& le temps de leurs mouuemens.
Car alors immediatement apres le
Soleil ou centre, il y aura la Sphere de Mercure, laquelle n'estant qu'e-
stroite en son diametre, aussi est
elle prompte en son mouuement,
faisant son cours en quatre vingt
huict iours. Venus, qui est la plus

Gg ij

prochaine d'apres, en 224. iours.
La Terre en 365. iours ou vn an.
Mars, en 687. iours.   Iupiter en
4332. iours. Saturne en 10759. iours.
De mesme en est-il aussi de ces Estoilles Mediceennes qui enuironnent
Iupiter. Celle d'entr'elles qui est la
plus basse finit son cours en 22. heures: celle d'apres en trois iours & demy: la Troisiesme en sept iours: &
la plus esloignée en dix sept iours. Or
comme il est plus vray semblable (selon la confession d'Aristote) que la
Nature doiue obseruer vne si iuste
proportion entre les Spheres celestes:
aussi est-il plus probable que la Terre
se doiue mouuoir plustost que les
Cieux.

Argum. 5.   Cela mesme se peut prouuer de
l'apparition des Cometes: Touchant
lesquelles il y a trois choses dont on
demeure generalement d'accord, ou
quand on ne l'accorderoit pas, cela se
pourroit aisément prouuer : assauoir,

1. Qu'il y a diuerses Cometes en
l'Air, entre la Lune & nostre Terre.

2. Que plusieurs de ces Cometes semblent se leuer & se coucher comme les Estoilles.

3. Que ce mouuement apparent n'est pas le leur proprement, mais leur est communiqué de quelqu'autre chose d'ailleurs.

Or ce mouuemét ne leur peut estre causé par les Cieux: & partant il faut necessairementqu'il procede de la reuolution de nostre Terre.

Que l'Orbe de la Lune ne peut emporter quant & soy la plus grande partie de l'air dans lequel ces Cometes sont placées, il se pourroit aisément prouuer des communs principes. Car l'on estime communément que la superficie concaue de cette Sphere là est exactement plane & vnie ; de sorte que son simple attouchement ne peut pas faire tourner tout l'Element du feu, d'vn mouuement qui ne luy est pas naturel. Et mesme ce feu elementaire qu'ils s'imaginent estre d'vne nature plus rarefiée & plus subtile, ne pourroit pas communiquer ce mesme mouuement à l'air plus espais , & celuy-ci aux eaux, comme l'affirment aucuns: Car par quel moyen cet Orbe là qui est si lice & si vni pourroit-il s'accrocher à l'Air adioignant ? Sarsius respond à cecy , qu'il y a de grandes gibbositez & inegalitez môtueuses dans la concauité de la plus basse Sphere, par lesquelles elle est renduë capable d'entraisner quant & soy le Feu & l'Air. Mais [a] Fromondus luy dit , que ce n'est qu'vne pure imagination. Et neantmoins, à peine sa propre coniecture vaut elle mieux , quand il affirme que ce mouuement de l'Air etheré , comme aussi de cet Air elementaire qui nous auoisine, est causé par cette gibosité qui est aux corps des Planettes : de laquelle opinion nous pouuôs dire auec autant de raison , ce qu'il dit à Sarsius : assauoir, que ce sont des pures fictions, inuentées pour s'eschapper , & sans aucun probable fondement.

Mais si nous supposons que la Terre se meut, cette apparition des Cometes sera aisée à resoudre. Car alors,

[a] Autarist. cap. 16. Fictitia ista & ad fugam reperta sunt.

quoy qu'ellesdemeuraſſent touſiours
en leur place accouſtumée : ſi eſt-ce
que la Terre ſe retirant d'elles par ſa
reuolution iournaliere & ſucceſſiue,
elles paroiſtroient ſe leuer & ſe coucher. Et partãt, ſelon cette commune
experience naturelle, il eſt plus probable que la Terre ſe meuue que non
pas les Cieux.

Vn autre argument que quelques
vns alleguent encor pour prouuer
que ce Globe Terreſtre ſe peut mouuoir aiſément, ſe prend de l'opinion
de ceux qui affirment que l'approche
de quelque peſanteur à vn nouueau
lieu, comme par exemple d'vne armée, fait balancer la Terre tout de
nouueau,& changer le centre de grauité qu'elle auoit auparauant. Mais
on ne demeure pas generalement
d'accord de cela, & partant on ne
doit pas inſiſter là deſſus comme ſur
vn principe commun.

A ce meſme propos ſe peut rapporter auſſi ce qu'infere Lanſbergius, lequel du dire d'Archimede, qu'il remueroit toute la Terre s'il ſçauoit

vide Vaſq. lib.1.diſp. 2.cap,816.

seulement où se tenir & attacher son
instrument, conclud que la Terre se
peut mouuoir aisément: là où l'intention d'Archiméde en ce discours,
estoit de monstrer l'infinie puissance
& vertu des Machines : n'y ayant
point de poids si grãd, qu'on ne puisse inuenter vn instrument pour le remuer.

Mais auant que de finir ce chapitre, il est necessaire que nous sçachions quelle espece de faculté c'est,
d'où procede ces mouuemens que
Copernic attribuë à la Terre. Sçauoir si c'est quelque vertu animale
qui assiste, comme le tient Aristote,
ou informe, comme l'estime Keppler : ou bien quelque autre naturelle qualité mouuante qui luy soit intrinseque.

Nous pouuons obseruer que quand
la cause propre & naturelle de quelque mouuement ne nous est point
connuë, nous nous portons aisément
à l'attribuer à ce qui en est l'origine
en autres choses, comme est la vie.
Ainsi les Stoïques affirment que
l'Amé

l'Ame de l'Eau est la cause du flux &
reflux de la Mer. Ainsi d'autres estiment que le Vent procede de la vie de
l'Air, par laquelle il se peut mouuoir
diuersement, comme les autres choses viuantes. Et sur ces mesmes principes, les Platoniciens, les Stoïques,
& quelques vns des Peripateticiens,
disent que les Cieux sont animez. De
là vient pareillement que tant de
personnes maintiennent l'opinion
d'Aristote touchant les intelligences:
qu'aucuns de ses Sectateurs, les Scholastiques, confirment par l'Escriture:
De ce passage en S. Matthieu 24.29.
où il est dit, *Que les vertus des Cieux
seront esbranlées.* Esquelles paroles
(disent-ils) par les *Puissances* ou *Vertus* sont entendus les Anges, par le
pouuoir desquels, se fait le mouuement des Cieux. Et de mesme en ce
passage de Iob 9.13. Où selon la Bible vulgaire il y a, ᵃ *Sous lequel sont
courbez ceux qui soustiennent le Monde:*
c'est à dire les intelligences. Lequel
Texte pourroit tout aussi bien seruir
à prouuer la fable d'Atlas ou d'Her-

ᵃ Sub quo
currantur,
qui por-
tant orbem

H h

cule. Ainsi Cajetan, de ce passage du Pseaume 136. 5. où il est dit que *Dieu a fait les Cieux par sa sagesse* : ou selon la Bible vulgaire. *Qui fecit cœlos in intellectu* : conclud que les Cieux sont tournez par vne Ame intelligente.

Si nous considerons l'origine de cette opinion, nous trouuerons que elle procede de cette erreur d'Aristote, qui estimoit que les Cieux estoient eternels : & partant qu'ils requeroient vne telle cause mouuante, laquelle, comme estant d'vne substance immaterielle, peust estre affranchie de toute l'assitude & inconstance à quoy les autres choses sont suiettes.

Mais ce fondement est euidemment faux, puis qu'il est certain que les Cieux ont eu commencement, & auront fin. Quoy que c'en soit, l'employ & l'vsage des Anges à ces mouuemens du Monde, est & superflus, & improbable.

1. Parce qu'vn pouuoir naturel intrinseque à ces corps là, y seruiroit tout aussi bien. Et quant aux autres

operatiõs qui doiuent estre constan-
tes & regulieres, la Nature communément se sert de quelque principe
interne.

2. Les intelligences, estans immaterielles, ne peuuent pas agir immediatement sur vn corps. Aussi n'y a-il
pas vn seul Autheur qui nous die de
quels outils elles se seruent en cela.
Elles n'ont point de mains pour em-
poigner les Cieux, ou les tourner
tout à l'entour. Et l'opinion de Thomas d'Aquin, Durandus, Soncinus,
& autres Scholastiques, semble estre
tout a fait sans raison, quand ils veulent que la faculté par laquelle les
Anges tournent les Spheres, soit
mesine chose que leur entendement
& volonté; Tellement que si vn Ange suspend seulement l'acte de vouloir leur mouuement, il faut necessairement qu'elles s'arrestent tout
court: & au contraire s'il veut seulement qu'elles se meuuent, cela suffira
pour les emporter dans leurs cours
diuers: Puis que c'eust esté vne chose
inutile à la Prouidence d'auoir or-

donné les Anges pour cela , qui euſt
peu eſtre faite tout auſſi bien par la
ſeule volonté de Dieu. Et d'ailleurs,
comment ces Orbes ſont-ils capables
d'apperceuoir cette volonté en ces
Intelligences ? Ou s'ils le ſont, quelle
faculté motrice ont ils d'eux-meſmes
qui les puiſſe rendre capables d'y
obeyr?

Or comme il en ſeroit des Cieux:
ainſi en eſt-il de la Terre , laquelle ſe
peut tourner en ſa reuolution Iournaliere ſans l'aide des Intelligences
ou Anges , par quelque vertu motrice de ſon propre , qui luy peut eſtre
intrinſeque.

Mais ſi on demande encor , quelle
cauſe il peut y auoir de ſon mouuement Annuel : Ie reſpons , qu'il eſt
aiſé de conceuoir comment vn meſme principe peut ſeruir à l'vn & à
l'autre, puis qu'ils tiennent vn meſme
chemin, de l'Occident à l'Orient.

Au reſte l'opinion de Keppler n'eſt
pas tant hors d'apparence , aſſauoir,
Que toutes les Planettes ſuperieures
ſont tournées par le Soleil , qui vne

fois en vingt cinq ou vingt six iours
obserue vne reuolution autour de son
Axe, & ainsi entraisne quant & soy
les Planettes qui l'enuironnent : lesquelles pour cette raison sont plus
lentes ou plus vistes, selon qu'elles en
sont esloignées. Que si vous demandez, par quel moyen le Soleil peut
produire vn tel mouuement.

Il respond, que c'est en faisant sor-
tir de chaque partie de son corps vne
espece de vertu Magnetique en lignes
droictes, dont il se fait vne constante
succession: de sorte qu'aussi tost qu'vn
rayon de ceste vigueur Magnetique a
passé vne Planette, il y en a incontinent vn autre qui la reprend & re-
saisit comme les dents d'vne rouë.

Mais, dira-t'on icy, comment cette vertu se peut-elle estendre iusques
à vne si grande distance?

Il respond : Premierement, que
tout ainsi que la lumiere & la chaleur, auec ces autres influences secrettes agissent sur les mineraux dans
les entrailles de la Terre : ainsi le Soleil peut pousser hors de soy vne ma-

gnetique vertu motrice dont la puiſſance ſe peut continuer iuſqu'aux
Planettes les plus eſloignées. Secondement, ſi la Lune, ſelon la Philoſophie vulgaire peut mouuoir la Mer,
pourquoy le Soleil ne pourra-il pas
mouuoir ce Globe Terreſtre?

En telles recherches que celles-cy,
nous ne pouuons conclurre que par
coniectures; le dire du Sage ſe veri-
fiant plus particulierement en ces
queſtions Aſtronomiques touchant
la Machine de tout l'Vniuers, *Que*
l'homme ne peut comprendre les œuures
de Dieu, du commencement à la fin.
Bien que nous diſcernions diuerſes
choſes dans le Monde qui font voir
la Sageſſe & la Puiſſance infinie du
Createur: ſi nous reſtera-il touſiours
quelque choſe à rechercher & à de-
battre, & ne ſeront iamais capables
auec toute noſtre induſtrie, d'atteindre à vne parfaite connoiſſance des
creatures, ou de les comprendre *d'vn*
bout à l'autre.

La Prouidence diuine en ayant
ainſi ordonné, afin que l'homme aſ-

Eccleſ.3.11.

Valleſ.
ſacr. Phi-
loſ. c. 64.

piraſt à vne autre vie apres celle-cy,
où ſa ſoif & tous ſes deſirs ſeront plei-
nement raſſaſiez. Car puis que nul
appetit naturel n'eſt en vain, il s'en-
ſuit neceſſairement qu'il faut qu'il y
ait vne poſſibilité d'atteindre à vne
connoiſſance entierement propor-
tionnée à ces deſirs là, laquelle ne ſe
pouuant obtenir en ce Monde, il eſt
conuenable que nous en eſperions
vne autre, & que nous trauaillions
pour l'acquerir.

PROPOSITION .X.

Que cette Hypotheſe s'adiuſte extréme-
ment bien aux Phænomenes ou com-
munes apparences.

IL a deſia eſté prouué que la
Terre eſt capable d'vne telle
ſituation & d'vn tel mouuement, que cette opinion luy donne.
Reſte maintenant qu'en dernier lieu
nous faſſions voir comment cette

Hypothese s'accorde extrémement
bien à ces viciſſitudes ordinaires de
Iours, de Mois, d'Années, & à toutes
autres Phœnomenes ou apparences
és Cieux.

1. Quant à la difference entre les
Iours & les Nuicts : il eſt euident
qu'elle peut auſſi bien eſtre cauſée
par la reuolution de la Terre, que par
le mouuement du Soleil, puis qu'il
faut neceſſairement que ces corps celeſtes paroiſſent en la meſme maniere
ſe leuer & ſe coucher, ſoit que par
leur propre mouuement ils paſſent
par noſtre Horiſon & poinct Vertical : ou, ſoit que noſtre Horiſon &
poinct Vertical, par la reuolution de
noſtre Terre, paſſe par eux. Car
comme dit Ariſtote, [a] *Il n'apparoiſtra
aucune difference, ſoit que l'œil ou que
l'obiet ſe meuue.* Et partant ie ne puis
que 'ie ne meſmerueille, de voir que
vn homme qui ait tant ſoit peu de
ſens ou de raiſon n'ait peu choiſir
vn meilleur argument pour la clo-
ſture de ſon liure, que celuy que nous
liſons dans Alexandre Roſſe, où il infere

[a] De Cœlo,
l.2.c.8.

fere que la Terre ne se meut point,
pource qu'alors l'ombre en vn Quadran au Soleil ne souffriroit point de
changement.

2. Quant à la difference des Mois,
nous disons, Que la diuerse illumination de la Lune, la differente grandeur de son corps, sa demeure plus
longue ou plus courte dans l'Ombre
de la Terre, quand elle est eclipsée,
&c. se peut assez bien resoudre en
supposant qu'elle se meut au dessus
de nostre Terre dans vn Epicycle excentrique. Ainsi,

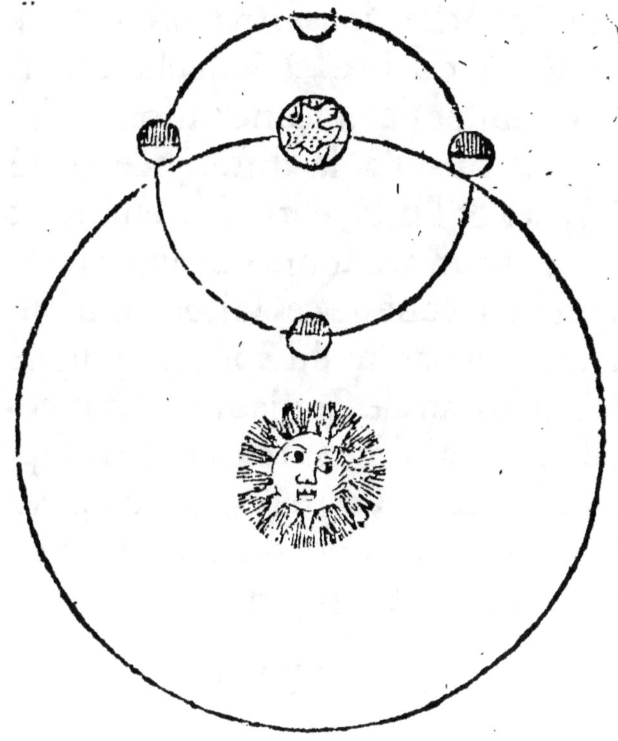

En laquelle forte d'Hypothefe il y
aura double difference de mouuement. L'vn, caufé par la differente fituation du corps de la Lune dans fon
propre excentrique. L'autre, par la
differente fituation de l'Orbe de la
Lune dans l'excentrique de la Terre:
ce qui refpond fi exactement aux
mouuemens & apparences de cette
Planette, que de là, Lansbergius en
tire vn argument pour ce Syfteme
des Cieux, duquel il fe fait fi fort,

qu'il l'appelle *Demonstrationem*, Ἀναπ-
μονικάς c'est à dire, à laquelle on ne
peut resister par aucune raison.

3. Et quant à la difference entre
l'Hyuer & l'Esté; entre le nombre &
la longueur des Iours qui appartiennent à chacune de ces saisons: le mouuement apparent du Soleil d'vn signe
à l'autre dans le Zodiaque: Tout cela se peut aisément resoudre en supposant que la Terre se meut dans vn
Globe excentrique tout à l'entour du
Soleil : De cette façon.

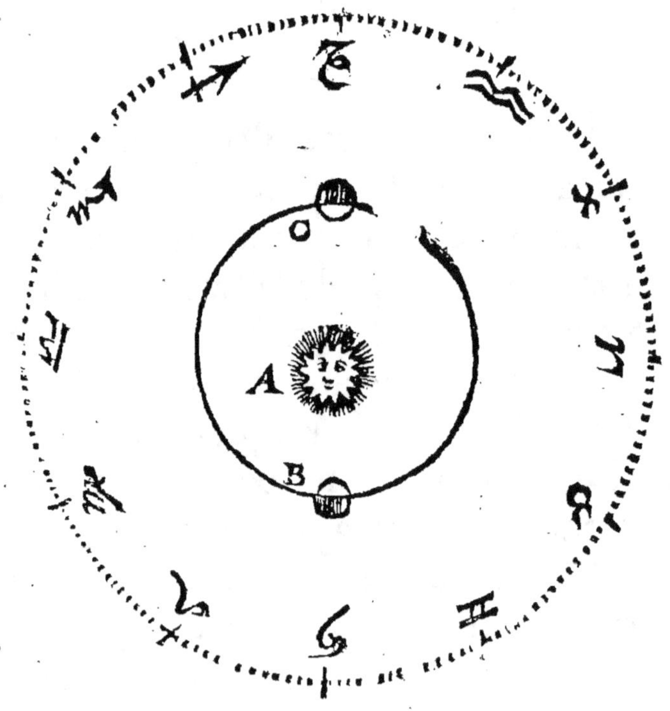

Suppofez que la Terre foit au ☾.
alors le Soleil A, femblera eftre au fi-
gne de ♋ & à la diftance la plus ef-
loignée de nous , parce qu'alors la
Terre eft és parties les plus éloignées
de fon excentrique. Quand apres
par fon mouuement annuel elle a
paffé succeffiuement par les fignes de
♒ ♓ ♈ ♉ ♊ , en fin elle vient à l'autre Solftice B , où le Soleil paroiftra
en ♌ , & femblera plus grand, comme eftant en fon Perigée , d'autant
qu'alors noftre Terre eft en la partie
la plus proche de fon excentrique.

Et pour ce qui eft de toutes les autres apparences du Soleil qui concernent le mouuement Annuel, vous
pouuez voir par cette figure fuiuan-
te, qu'elles conuiennent exactement
bien auec cette Hypothefe.

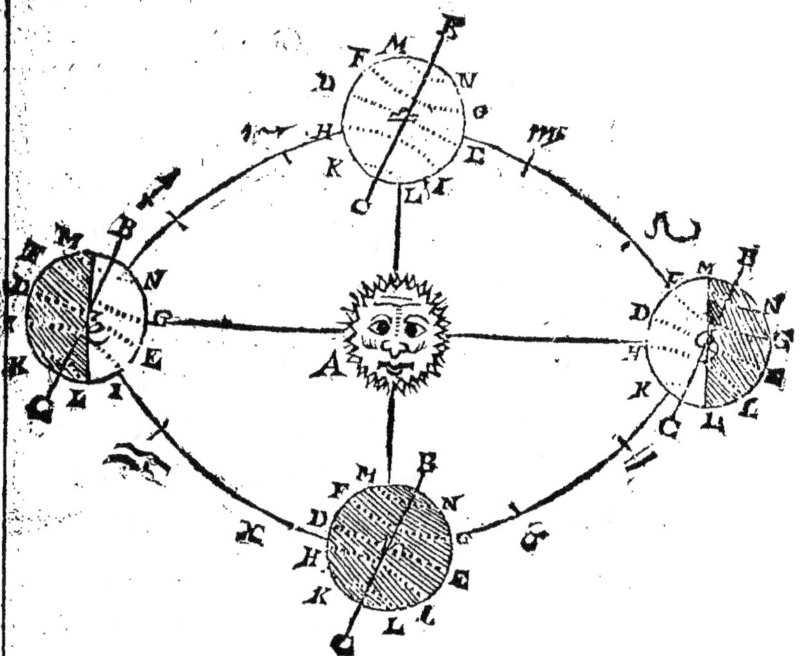

Où vous auez la Terre defcrite
autour du Soleil A, és quatre principaux poincts du Zodiaque ; affauoir
les deux Equinoctiaux aux fignes de
♈ & ♎, & les Solftices aux fignes
de ♌ & ♋. Par tous lefquels poincts
la Terre paffe en fon mouuement
Annuel, de l'Occident à l'Orient.

L'Axe fur lequel noftre Terre
tourne, eft reprefenté par la ligne
B C, lequel Axe decline toufiours
de celuy de l'Ecliptique enuiron 23.

degrez trente minutes. Les poincts B C, sont imaginez estre les Poles; B le Pole du Nort, & C, le Pole du Sud.

Or si nous supposons que cette Terre se tourne autour de son propre Axe par vn mouuement iournalier, alors chaque poinct d'icelle descrira vn cercle parallele, qui sera ou plus grand ou plus petit selon sa distance des Poles. Les principaux sont l'Equinoctial D E. Les deux Tropiques F G, & H I. Les deux cercles Polaires, M N l'Arctique, & K L l'Antarctique : desquels l'Equinoxial seulement est vn grand cercle, & partant sera tousiours esgalement diuisé par la ligne d'illumination M L. là où les autres lignes paralleles sont par là distribuées en parties inegales. Entre lesquelles parties, les arcs diurnes de celles qui sont vers B le Pole du Nort, sont plus grands que les nocturnes, lors que nostre Terre est en ♌ & que le Soleil paroist en ♋. En sorte que tout le Cercle Arctique est esclairé, & il y a iour

pour demy an de temps ſous ce Pole
là.

Or quand la Terre paſſe à l'autre
Solſtice au ſigne de ♋ , & que le Soleil paroiſt au ſigne d ♌ lors il faut
que cet Hemiſphere là qui auparauant participoit de lumiere, ſoit en-
uelopé de tenebres. Et ces Paralle-
les là vers les Poles du Nort & du
Sud ſeront touſiours diuiſez par cette meſme ineſgalité. Mais ces plus
grandes parties qui auparauant
eſtoient illuminées, ſeront maintenant obſcurcies, & ainſi tour à tour.
Comme lors que la Terre eſtoit en
N, le cercle Arctique M N eſtoit entierement eſclairé, & l'Antarctique
K L entierement obſcurci. Ainſi
maintenant quãd elle eſt en A, l'Antarctique K L ſera entierement eſclairé, & l'autre M N entierement te-
nebreux. Là où le Soleil auparauant
eſtoit vertical aux habitans du Tropique F G : Auſſi maintenant eſt-il
en meſme ſituation à ceux qui viuent
ſous l'autre Tropique H I. Et au lieu
qu'auparauant le Pole inclinoit 23.

degrez trente minutes vers le Soleil;
ainſi maintenant s'en eſt-il autant re-
culé. La difference entiere ſe mon-
tera à 47. degrez, qui eſt la diſtance
d'vn Tropique à l'autre.

Or és deux autres figures, quand
la Terre eſt en l'vn ou en l'autre des
Equinoxiaux ♈ ♎, le cercle d'illumination paſſe par les deux Poles,&
partant doit diuiſer tous les paralleles en parties eſgales. D'où il s'enſuiura que les iours & les nuicts doiuent
alors eſtre eſgaux par tous les endroits du Monde.

Comme la Terre eſt icy repreſen-
tée en ♎ elle tourne ſeulement ſa
partie illuminée vers nous : & comme elle eſt en ♈, nous voyons ſon
Hemiſphere nocturne.

De maniere que ſelon cette Hypotheſe, l'on peut facilement concilier toutes les apparences touchant
la difference entre les iours & les
nuicts, l'Hyuer & l'Eſté, auec tous ces
autres changemens & varietez qui
en dependent.

Et ſi vous voulez ſçauoir comment
les

les Planettes, selon ce Systeme des
Cieux, paroiſtront Directes, Station-
naires, Retrogrades, & neantmoins
tourner touſiours regulierement autour de leurs propres centres, vous
le pourrez voir clairement par ce
Diagramme ſuiuant.

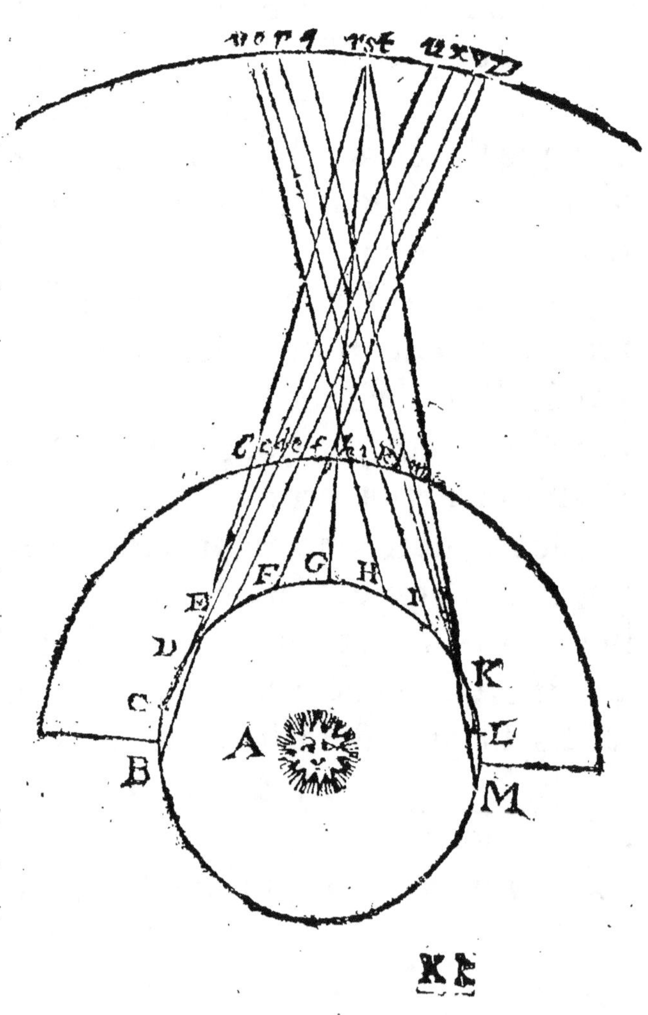

Figurez-vous que le Soleil soit à A, & que le cercle B. G. M. soit l'Orbe du mouuement de la Terre, & celuy là de deſſus marqué auec les meſmes lettres, la Sphere de Iupiter : & le plus haut esleué de tous, vne partie du Zodiaque ou Ciel des Eſtoilles.

Or ſi vous vous repreſentez les lettres B C D E F G H I K L M, & b c d e f g h i k l m, diuiſer l'Orbe de la Terre & celuy de Iupiter en diuerſes parties proportionnées à la tardiueté ou à la viſteſſe de leurs mouuemens differens (aſſauoir Iupiter acheuant ſon cours en douze ans, & la Terre en vn :) puis ſuppoſant que la Terre ſoit au poinct B, & que Iupiter ſemblablement dans ſon Orbe ſoit ſitué au (b) il nous paroiſtra au Zodiaque au poinct r. Mais puis apres l'vn & l'autre s'auançant à la lettre C c, Iupiter ſemblera eſtre au Zodiaque à la lettre u, comme s'eſtant auancé ſelon l'ordre des ſignes. Et de meſme auſſi chacun d'eux eſtant transferé aux endroits D d, E e, Iupiter paroiſtra

touſiours direct, & auoir meu dans
le Zodiaque iuſques aux poincts y z.
Mais lors que la Terre vient à eſtre
plus immediatement interpoſée entre cette Planette & le Soleil ; comme quand l'vn & l'autre ſont à la lettre F f, alors Iupiter ſe diſcernera
au Zodiaque à la lettre x. De ſorte que tout le temps que la Terre
a eſté à paſſer l'arc E F, Iupiter eſt
touſiours reſté entre les poincts Z,
& X, & partant nous doit ſembler
comme s'il eſtoit Stationnaire, mais
apres eſtans l'vn & l'autre portez à
G g, alors Iupiter paroiſtra à s, comme ſi par vn ſubit mouuemēt il eſtoit
retourné de ſon premier cours l'eſpace de x, s. L'vn & l'autre paſſans à
H h, cette Planette ſemblera touſ-
jours eſtre viſtement retrogradée,
& paroiſtra au poinct p. mais lors
qu'elles viennent aux poincts I i, Iupiter alors ſemblera eſtre plus lent en
ce mouuement, & n'auoir ſeulemēt
paſſé que l'eſpace de p n. L'vne &
l'autre eſtans transferées à K k, Iupiter paroiſtra alors au Zodiaque à la

K k ij

lettre o , comme eſtant derechef direct, s'auançant ſelon l'ordre des ſignes, & pendant que la Terre paſſoit
l'arc I K, Iupiter alors reſtoit entre
les poincts n o , & ainſi conſequemment ſembloit derechef eſtre Stationnaire. L'vn & l'autre venans à L l, &
de là à M m, Iupiter paroiſtra touſ-
jours Direct, & auoir auancé au Zodiaque depuis q iuſques à t. De maniere que tout l'eſpace dans lequel
Iupiter eſt retrograde, eſt repreſenté
par l'arc n z.   Dans lequel eſpace il
ſe meut dans ſon propre cercle l'arc
e i, & de meſme la Terre vn eſpace
proportionnel en ſon Orbe E I.

Ce qui a eſté dit de cette Planette
ſe peut pareillement appliquer à toutes les autres Planetes, Saturne, Mars,
Venus & Mercure: leſquelles paroiſſent de la meſme façon Directes, Sta-
tiōnaires, & retrogrades par le mouuement de noſtre Terre, ſans l'aide
de ces Epicycles & excentriques, &
tels autres inſtrumens ſuperflus &
inutiles, dont Ptolomée a remply les
Cieux. Iuſques là que Fromondus

est ici contraint d'auoüer,[a] qu'il n'y a
point de plus probable argument
pour prouuer le mouuement annuel
de la Terre, que l'accord & la conuenance qu'elle a auec les stations, di-
rections, & regressions des Planettes.

Finalement, que le Systeme des
Cieux de Copernic responde aussi
aux plus exactes obseruations : cela
se peut manifester & demonstrer par
la description suiuante.

[a] Antarist.
cap. 18.
Vesta tract.
4. cap. 3.
Nullo ar-
gumento
in speciem
probabi-
liori, mo-
tum terræ
annuum à
Coperni-
canis astrui
quam illo
stationis,
directionis,
regressionis
Planeta-
rum.

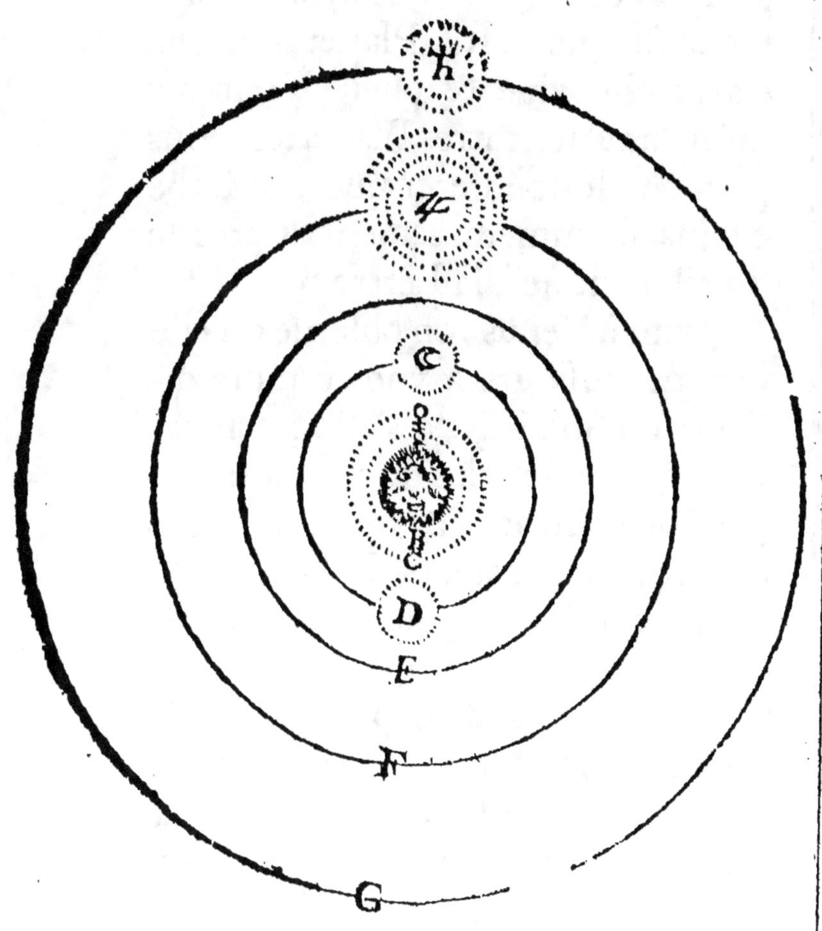

Posez que le Soleil soit placé à la
lettre A. Or pource que Mercure
se trouue tousiours fort proche du
Soleil, comme l'enseigne l'experience, en telle sorte qu'il se tient pour la

plufpart caché fous fes rayons : comme auffi que cette Planette à vne clarté plus viue & plus vigoureufe qu'aucune des autres Planettes: nous pouuons donc inferer que fon Orbe eft placé immediatement aupres le Soleil, comme à la Lettre B.

Quant à Venus, on obferue qu'elle fe tient toufiours à vne certaine diftance du Soleil, ne s'efloignant iamais de luy de plus de quarante degrez ou enuiron : & que fon corps apparoift au trauers de la Lunette quarante fois plus grand en vn temps qu'en vn autre ; & que quand elle femble plus grande & plus proche de nous, nous l'apperceuons alors comme parfaitement ronde. Pourtant cette Planette tourne telle auffi en vn cercle qui enuironne le Soleil. Lequel cercle ne contient pas la Terre en foy : pource qu'alors Venus feroit quelquesfois oppofée au Soleil : au lieu qu'on demeure generalement d'accord qu'elle n'eft iamais encore venuë iufques là que d'eftre en afpect Sextile.

Ce cercle n'eſt pas non plus au
deſſous du Soleil, ainſi que le ſuppoſe Ptolomée, pource qu'alors cette
Planette en ſes deux conionctions
paroiſtroit cornuë, ce qu'elle ne fait
pas.

On ne peut pas dire auſſi qu'il ſoit
au deſſus du Soleil, car alors elle ap-
paroiſtroit touſiours pleine, & iamais cornuë.

D'où il s'enſuiura, qu'il faut neceſſairement que cet Orbe ſoit entre la
Terre & le Soleil: comme celuy là
à C.

Quant à Mars, on remarque qu'il
paroiſt ſoixante fois plus grand quãd
il eſt proche de nous, que lors qu'il
eſt en ſon plus grand eſloignement;
& qu'il eſt quelques fois oppoſé au
Soleil. D'où nous pouuons conclurre que ſon Orbe contient noſtre Terre au dedans de ſoy. On obſerue auſſi qu'il paroiſt touſiours plein, & iamais cornu : d'où pareillement il eſt
euident que le Soleil eſt compris dans
ſon Orbe, comme il eſt repreſenté
par le cercle E.

Et

Et parce que semblables Phenomenes s'obseruent en Iupiter & en
Saturne, bien qu'en moindre degré,
c'est pourquoy nous pouuons auec
grand raison nous les imaginer estre
és Cieux enuiron en la mesme maniere qu'ils sont icy representez en la
figure, par les cercles F & G.

Quant à la Lune : parce qu'elle est
quelques fois opposée au Soleil ; il
faut que son Orbe comprenne en soy
la Terre : & parce qu'elle paroist obscure en sa conionction & eclypse
quelquesfois le Soleil : il est necessaire que le Soleil soit hors de son Orbe,
qui est representé par l'Epicycle H.
Au centre duquel il faut absolument
que la Terre soit située, selon toutes
les apparences mentionnées cy dessus. Tellement que l'Orbe de son
mouuement annuel sera representé
par le Cercle D.

Toutes lesquelles apparences ne se
peuuent pas si bien concilier par l'Hypothese de Ptolomée, de Tycho, d'O-
riganus, ny par aucune autre Hypothese que par celle-cy de Copernic.

L l

Mais l'application de ces choses aux
diuerses Planettes, auec diuerses autres particularitez touchant la partie
Theorique de l'Astronomie, se peuuent voir plus au large dans ceux qui
ont traité exprés de ce suiet, commē
Copernic, Rheticus, Galilée, mais
plus particulierement Keppler, à qui
ie me reconnois redeuable pour diuerses particularitez en ce discours.

I'ay fait quant au principal dessein
de ce present Traicté : qui estoit d'o-
ster tous ces communs preiugez que
on embrasse ordinairement contre
cette opinion. Reste maintenant que
par voye de conclusion, ie tasche à
exciter vn chacun à cette sorte d'e-
stude, tant negligée par la pluspart
des hommes.

La voye la plus raisonnable en la
poursuite de differens Obiects, est
de proportionner nostre amour &
nostre trauail en la recherche de
quelque chose que ce soit, selon
l'excellence qu'elle a, & selon qu'elle
est desirable. Or entre tous les contentemens terriens, il n'y en a point

de meilleur en foy, ny qui nous foit
plus conuenable que cette forte de
Science ; & cela, foit que vous la
confideriez felon fa nature generale,
affauoir entant que Science : ou felon fa nature plus particuliere, entant
qu'vne telle Science,

1. Confiderez là comme Science en
general : Et il eft certain qu'entre la
diuerfité d'Obiets, l'on doit pluftoft
faire choix de ceux qui font les plus
vtiles, & qui contribuent le plus au
bien eftre de noftre plus excellente
partie, qui eft l'Ame. Ce n'eft pas tant
le plaifir de nos fens, ou l'accroiffe-
ment de noftre fortune qui merite
noftre induftrie, comme la culture de
noftre iugement, & l'augmentation
de nos connoiffances. Quoy que le
Monde s'imagine, ce n'eft ny l'eften-
duë des poffeffions, ny la Nobleffe de
la Naiffance, ny l'eminence des char-
ges, qui puiffe rien adioufter à noftre vraye & reelle valeur : mais ce
font les degrez de ce qui nous fait
hommes, qui nous doiuent rendre
plus confiderables, c'eft affauoir les

Ll ij

dons singuliers & les bonnes qualitez de l'Ame, & l'accroissement de
nostre raison. N'eust esté pour la
contemplation de la Philosophie, le

Præf. ad li.
1. Nat.qu.

Seneque Payen n'eust pas seulement
daigné remercier les Dieux de luy
auoir donné l'estre. Ostez luy ce
bien là, & il ne croyroit pas que la
vie meritast qu'on suast ou qu'on se
trauaillast pour elle : Tant il apperce-
uoit de bon heur en l'estude de la Nature. Et partant donc, considerée
comme science en general, elle peut
tresbien meriter nostre Amour &
nostre industrie.

2. Considerez la comme Science
particuliere, assauoir l'Astronomie:
le mot signifie la Loy des Estoilles:
& les Hebreux (qui n'admettent pas
ordinairement de mots composez)

Iob 38. 33
Ierem. 33.
25.

l'appellent en deux mots חֻקּוֹת שָׁמַיִם
Cœlorum statuta, ou les Ordonnances
des Cieux ; d'autant qu'ils sont gou-
uernez en leurs cours par vne regle
certaine, comme en parle le Psalmiste au 148. Pseaum. vers. 6. *Dieu leur
a donné vne loy laquelle ne passera point.*

Or de toutes les autres sciences naturelles, celle-cy se peut mieux attribuer noftre induftrie ; foit que vous
la confideriez,

1. Abfolument, comme elle eft en
elle mefme ; ou bien

2. Comme elle eft à noftre efgard.

1. Comme elle eft en elle mefme.
L'excellence d'vne fcience (dit le Phi-
lofophe) fe peut iuger premierement
par l'excellence de fon obiect. Secondement, par la certitude de fes
demonftrations.

1. Quant à l'obiet. Ce n'eft pas moins
que tout ce grand Vniuers, (puis
que noftre Terre auffi eft vne des Planettes) & plus particulierement ces
grands & glorieux corps Celeftes.
Tellement qu'en cet efgard elle fur-
paffe extrémement toutes ces fpecu-
lations creufes & fteriles touchant la
matiere premiere, & vniuerfelle, &
autres femblables, qui comme toille
d'araignée s'emportent d'vn coup de
vent, & en l'eftude defquelles vn fi
grand nombre de perfonnes em-
ployent tres mal leur ieuneffe. Et

pour cette mesme raison aussi doit elle estre preferée à toutes les autres Sciences, dont le suiet n'est ny d'vne si vaste estenduë, ny d'vne si excellente nature.

2. Quant aux demonstrations d'Astronomie, elles sont aussi infaillibles que la verité mesme : & pour cette raison surpasse t'elle aussi toute autre connoissance, qui depend plus de coniectures & d'incertitude. Il n'y a que ceux qui ignorent les Principes de cette Science, qui doutent de ses Conclusions. Puis donc qu'en ces esgards c'est vne des plus excellentes Sciences qui soit en la Nature, elle peut mieux meriter l'industrie de l'homme, qui est vn de ses plus excellens ouurages. Les autres animaux ont esté faits la teste & les yeux vers bas : voulez-vous sçauoir pourquoy l'homme n'a pas esté ainsi creé ? c'est afin qu'il peust estre Astronome.

Os homini sublime dedit, cœlumque tueri
Iussit, & erectos ad Sydera tollere vultus.

L'homme seul eut de Dieu la face
   en haut dreſſée,
Pour regarder les Cieux, en portant
   ſa penſée
Iuſqu'aux Aſtres brillans, & ſon chef
   eſleué
Luy marquoit le chemin qu'il a depuis trouué.

  2. Conſiderez là à noſtre eſgard,
& elle ſe trouuera.
  1. Tres vtile.
  2. Tres delectable.
  1. Tres vtile, & ce en diuers eſ-
gards. Elle prouue qu'il y a vn Dieu
& vne Prouidence, & excite nos
cœurs à vne plus grande admiration,
& a vne plus grande crainte de ſa
Toute Puiſſance. *Nous pouuons con-*
ſiderer par les Cieux, combien plus puiſ-
ſant eſt celuy qui les à faits: car par la
grandeur de leur beauté, & de toutes
creatures, le Createur eſtant comparé à
icelles, ſe peut contempler à proportion,
dit le liure de la ᵃ Sapience. C'eſt de
là qu'Ariſtote a tiré ſon principal
argument pour prouuer vn Premier

ᵃ Chap. 13.
4. 5.

Moteur. C'a esté la consideration de ces choses qui a premierement amené les hommes à la connoissance & au culte de Dieu, dit ªCiceron. Et partant lors que Dieu par le Prophete Esaye voulut prouuer au peuple sa Diuinité, il leur dit : *Esleuez vos yeux en haut, & regardez qui a fait & creé ces choses, qui produit par nombre l'armée d'icelles, & les appelle toutes par leur nom, &c.* Esaye 40. 26. ce qui occasionna ce dire de Lactance : *qu'vn si grand ordre & si constant parmy ces vastes corps celestes n'a peu estre estably au commencement que par vne sage Prouidence, ny depuis conserué sans vn puissant Habitant, ny si perpetuellement conduit sans vn sçauant & habile Guide : Ce que la raison mesme nous enseigne.*

Il est bien vray que la seule contemplation des Cieux, peut manifester l'excellence & la Toute Puissance de leur Createur : mais neantmoins, vne plus soigneuse & plus exacte recherche dans la nature de ces corps celestes, esleuera nos entendemens à vne connoissance plus intime, & à vne plus

plus grande admiration de la Diuinité. Comme il en eſt de ces choſes
inferieures, où le ſimple exterieur de
l'homme, aſſauoir la grace & la ma-
jeſté de ſon port, peut ſeruir d'argument d'où l'on peut inferer l'excellence de ſon Createur : Mais neantmoins vn expert Anatomiſte, qui penetre plus auant dans cette ſtructure admirable, en peut auoir vn teſmoignage encor plus clair en la conſideration de cette Fabrique interne,
les muſcles, les nerfs, les membranes,
& tous ces autres agencemens cachés,
dans la ſtructure de ce petit Monde :
De meſmes en eſt-il de ce grand
Vniuers, où ce que l'on peut communément comprendre des choſes,
n'eſt pas du tout conſiderable au prix
de ces autres deſcouuertes dont on
peut auoir connoiſſance par vne recherche plus exacte.

Dauantage, comme cette connoiſſance peut aider à prouuer qu'il y a
vn Dieu, & à rendre les hommes
Pieux : auſſi peut-elle ſeruir à nous
confirmer la verité des ſaintes Eſcri-

M m

tures, puis que l'histoire sacrée dans
l'ordre de ses narrations, s'accorde si
exactement auec les conuersions des
Cieux, & auec l'Astronomie Logi-
stique.

Elle nous peut aussi exciter à nous
comporter conformément à la noble
& diuine nature de nos ames. *Quand*
ie regarde tes Cieux, l'ouurage de tes
doigts, la Lune & les Estoilles que tu as
agencées : Ie dy, *qu'est-ce que de l'hom-*
me que tu ayes souuenance de luy? que
de luy auoir creé de si vastes corps
glorieux pour son vsage & seruice.

Item quand ie considere en moy-
mesme l'immensité de ce grand Vniuers, en comparaison duquel nostre
Terre n'est que comme vn poinct imperceptible : Quand ie considere que
ie porte au dedans de moy vne ame
de beaucoup plus grande valeur que
n'est tout cecy, & des desirs qui sont
d'vne plus vaste estenduë, &d'vne capacité moins limitée que toute cette
Fabrique de la Nature; il me semble,
di-ie, que ce seroit degenerer infinie-
ment & se monstrer bien lasche de

Pseau. 8. 3. 6.

courage, que d'occuper les facultez de mon Ame à vn si vile suiet, si estroit & si resserré comme sont les choses terriennes. Quelle folie est-ce aux hommes de s'estimer si hautement pour quelques petites possessions qu'ils ont par dessus les autres dans le Monde, que de faire tant de bruit pour vne chose si chetiue ? Ce n'est qu'vn petit poinct, qui auec tant de tracas est departy à tant de Nations par le feu & par les armes. Quelle grande chose est-ce d'estre Monarque d'vne petite partie d'vn poinct ? Les fourmis ne pourroient-elles pas aussi bien departir vne taupiniere en plusieurs petites Prouinces, & faire autant les empeschées en la disposition de leur gouuernement? Tout ce lieu icy où vous combattez, & où vous faites vos nauigations, & où vous departez vos Royaumes, n'est qu'vn poinct, beaucoup moindre qu'aucune de ces petites Estoilles qui à cette distance où elles sont à peine se peuuent discerner. Lors que l'Ame, di-ie, meditera soigneuse-

Senec. Qu.
Nat. l. 1.

Boët. de
Consol.
lib. 2.

M m ij

ment sur ces choses, elle commence-
ra à desdaigner la petitesse de son habitation presente , & pensera à se
pouruoir d'vne autre demeure en ces
plus vastes lieux d'en haut , & qui
puisse mieux respondre à l'excellence & à la diuinité de sa nature.

Pourquoy songeroit-on à perpetuer son nom, ou espandre sa renom-
mée par tout le Monde ? Veu que
quãd bien l'homme obtiendroit plus
de gloire que n'en peut esperer l'ambition : si est-ce que tant que cette
Terre habitable n'est qu'vn poinctqui
n'est pas considerable , quelle grandeur y peut-il auoir en ce renom là,
qui est enclos dans des limites si
estroits & si resserrez?

<table><tr><td>Boëtius
ibidem.</td><td>Quicunque solam mente præcipiti petit
  Summumque credit gloriam,
Late patentes ætheris cernat plagas,
  Arctumque terrarum situm.
Breuem replere non valentis ambitum,
  Pudebit aucti nominis.</td></tr></table>

Toy de qui l'ame ambitieuse

N'aspire rien qu'au poinct d'hõneur,
Et qui fais ton plus grand bon-heur
D'vne gloire capricieuse:
Leue les yeux au Firmament,
Et considere vn peu comment
Son estenduë est admirable;
Puis voy la Terre où tu es ioinct,
Qui luy est si peu comparable
Qu'au prix de luy ce n'est qu'vn
     poinct.

    Lors tu feras bien peu de conte
De ton aueugle ambition,
Et cette folle passion
Te couurira le front de honte,
Quand tu verras que tes proiects
Dont les magnifiques obiects
Sembloient n'auoir point de limite
Ont tant de peine à s'accomplir,
Et que la Terre si petite
Est trop grande pour s'en remplir.

    Pourquoy admireroit-on ces cho- Idem lib. 3.
ses basses & abiectes, assauoir ces gloi-
res terrestres ? Celuy qui considerera
l'estenduë, la fermeté, & la vistesse
des Cieux, à peine estimera-il aucu-

ne autre chofe eftre digne de fa connoiffance , beaucoup moins de fon
admiration.

Or quand nous ramaffons tout cecy enfemble , affauoir que celuy qui
a le plus en ce monde n'en a prefque
rien : que la Terre mefme, comparée
à l'Vniuers, n'eft qu'vn poinct comme nous auons defia dit qui n'eft pas
confiderable ; & que neantmoins, tout
cet Vniuers n'a pas vne fi grande
proportion à l'Ame de l'homme,
qu'en a la Terre à celuy là ; quand
di-ie vn homme dans fes penfees plus
retirées & plus ferieufes recueillira
le tout enfemble , cela le doit exciter
à mefprifer ces chofes terriennes , &
à placer tout fon amour, & toute fon
eftude en ces confolations qui cor-
refpondent plus à l'excellence de fa
nature.

Sans cette fcience , quel trafic pour-
rions-nous auoir auec les Nations
eftrangeres? Que deuiendroit le mu-
tuel commerce par le moyen duquel
tout le Monde n'eft que comme vne
feule Republique?

Vosque mediis in aquis Stellæ, pelagoque
    timendo,
Decretum monstrastis iter, totique dedi-
    stis,
Legibus inuentis hominum, commercia
    mundo.

Beaux Astres c'est par vous que
    l'asseuré Pilote
Fend les Mers sans péril, & que sa
    Nef qui flote
Dessus le moite sein d'vn perfide Ele-
    ment
Entretient le commerce, où guidé
    par l'Aimant
Dont la vertu se lie à vos flames fe-
    condes,
Nous fait vtilement descouurir d'au-
    tres Mondes.

2. Comme cette Science est ainsi
vtile en ces esgards & en plusieurs
autres : aussi est-elle esgalement plai-
sante & delectable. L'œil, dit le Philosophe, est le sens du plaisir, & il
n'y a point de delices si pures & si
immaterielles comme celles qui en

trent par cet Organe. Or à l'entendement, qui est l'œil de l'Ame, il n'y peut auoir de plus bel aspect que de contempler la fabrique entiere de la Nature, la Machine de ce grand Vniuers, pour y remarquer cet ordre & cette beauté qu'il y a en la grandeur, situation, & mouuement des diuerses parties qui en dependent; & voir la vraye cause de cette constante varieté & changement qui se trouue és differentes Saisons de l'année. Et certes il est impossible que toutes ces choses n'entrent dans les pensées de l'homme auec beaucoup de douceur & de plaisir. Et c'est pourquoy Iules Cesar au milieu du tintamarre de la guerre, faisoit choix de ce diuertissement.

Sapience 7,
18. 19.

Lucain lib.
10.

——————— *Media inter prælia semper,*
Stellarum, Cœlique plagis, superisque va-
cauit.

Bien qu'il fust occupé au mestier de
    la guerre,
Ses soins alloient plus haut qu'à con-
    querir la Terre,

                      Et

Et picqué d'vn beau feu reuenant des
   combats,
L'Astronomie estoit ses plus fameux
   esbats.

Et pour cette mesme raison aussi,
Seneque parmy le bruit & l'empres-
sement continuel de la Cour, s'ad-
donnoit à cette recreation.

O quam iuuabat, quo nihil maius,
   parens
Natura gignit, operis immensi artifex,
Cælum intueri Solis, & currus sacros
Mundique motus, Solis alternas vices,
Orbemque Phœbes, astra quem cingunt
   vaga
Lateque fulgens ætheris magni decus.

Quel excez de plaisir! Dieux! la rare
   auanture
   De contempler les yeux ouuers
   Ce beau miroir de l'Vniuers
Le chef-d'œuure acheué des mains de
   la Nature.
   Ce globe du Soleil, ce cœur mou-
uant des Cieux,

Nn

Ce sacré chariot de Lumiere & de
feux.

Comme il produit le iour, la cha-
leur & la vie,
Et comment son oblique cours
Ne naist & finit tous les iours
Que pour tant de bien faits dont sa
roûte est suiuie,
Et combien doucement ce monde
est agité
Par l'agreable effort de sa rapidité.

La pompe de sa sœur cette belle
courriere
Ne rauit pas moins nos esprits,
Son teint d'argent n'a point de
prix,
Et sa Cour est si grosse en faisant sa
carriere,
Que mille petits feux pleins de
gloire & d'appas,
Luy seruent de couronne & reue-
rent ses pas.

Et certes ces eminens personnages
qui ont employé vne bonne partie

de leur temps à cet exercice, comme
Ptolomée, Iules Cesar, Alphonse
Roy d'Espagne, le noble Tycho Brahé & autres, n'ont pas seulement basti par ce moyen sur vn fondement
qui pour le present est vne plus soli-
de espece de plaisir & de contente-
ment : mais aussi sur vne voye plus as-
seurée pour perpetuer leur memoire
aux siecles à venir. Ces grandes &
somptueuses Pyramides qui ont esté
erigées pour eterniser la memoire de
leurs fondateurs, periront plustost, &
retourneront en leur poudre primi-
tiues, que les noms de ces grands He-
ros là fussent mis en oubly. Les mo-
numens des lettres sont de plus grande durée que non pas ceux des Riches-
ses ou du Pouuoir.

Tous lesquels acouragemens pour-
ront abondamment suffire pour res-
ueiller tout homme d'esprit à employer quelque partie de son temps à
l'estude & à la recherche de ces veritez icy.

Fœlices anima, quibus hac cognoscere Ouidc
primum,

Nn ij

Inque domos superas scandere cura fuit.

O trop heureux esprits qui les pre-
miers au monde
Connustes les secrets de la machine
ronde,
Et qui pristes le soin d'escalader les
Cieux
Pour nous en descouurir les ressorts
glorieux!

F I N.

Page 222. lig. 20 pour descendans, lisez discordans.
Page 241. en la marge, pour *currantur*, lis. *curuantur.*

Table des Propositions contenuës en ce second Liure.

PROPOSITION I.

Ve la Noüueauté & Singularité qui paroist en cette opinion, n'est pas vn fondement suffisant pour prouuer qu'elle est erronée.

PROPOSITION II.

Qu'il n'y a pas vn seul passage en l'Escriture, estant bien entendu, duquel on puisse inferer le mouuement iournalier du Soleil ou des Cieux.

PROPOSITION III.

Que le S. Esprit en diuers lieux de l'Escriture accommode ses expressions à l'erreur de nos imaginations;

& parle de diuerses choses non selon
ce qu'elles sont en elles-mesmes, mais
selon qu'elles nous paroissent. p. 54.

PROPOSITION IV.

Que diuers doctes personnages sont
tombez dans de grandes absurditez,
pendant qu'ils ont voulu rechercher
& tirer les fondemens de la Philosophie, des paroles de l'Escriture. p. 86.

PROPOSITION V.

Que l'Escriture, en sa propre &
naturelle signification, n'affirme en
aucun endroit l'immobilité de la
Terre.   pag. 100.

PROPOSITION VI.

Qu'il n'y a aucun argument pris des
paroles de l'Escriture, des principes
de la Nature, ou des obseruations en
Astronomie, qui puisse demonstrer
suffisamment que la Terre soit au
centre de l'Vniuers.   pag. 119.

PROPOSITION VII.

Qu'il est bien propable que le Soleil est au centre du Monde. pag. 151.

PROPOSITION VIII.

Qu'il n'y à point de suffisante raison pour prouuer que la Terre soit
incapable des mouuemens que luy
attribuë Copernic.   pag. 161.

PROPOSITION IX.

Qu'il y a plus d'apparence que c'est
la Terre qui tourne, que non pas le
Soleil ou les Cieux.   pag. 215.

PROPOSITION X.

Que cette Hypothese s'adiuste extrémement bien aux Phenomenes ou
communes apparences.   pag. 247.

Fin des Propositions.